全国高职高专机电及机器人专业工学结合"十三五"规划教材

U0783729

组态控制技术

主　编　贾丽仕　唐　亮　付晓军

副主编　夏路生　吴森林　杨宇宁

参　编　刘响响

华中科技大学出版社

中国·武汉

内 容 简 介

本书以北京昆仑通态自动化软件科技有限公司的 MCGS 嵌入版组态软件为例,介绍组态软件在工业监控工程中的设计和应用方法,重在培养学生的实践能力。以实际工作任务为线索,设计了机械手监控系统、水位控制系统、十字路口交通灯组态监控系统、加热反应炉自动监控系统、液体混合搅拌控制系统、电动大门自动监控系统,以及液力变扭箱监控系统 7 个典型系统。本书编写从工程实际入手,以了解、学习真实工程项目为目的,由易到难、从单一到综合,完成组态控制技术的实践教学。

本书可作为高等职业院校机电一体化、自动化等专业相关课程的教学用书,也可作为学校开展相关职业技能大赛培训、工程创新实践活动的指导用书。

图书在版编目(CIP)数据

组态控制技术/贾丽仕,唐亮,付晓军主编.—武汉:华中科技大学出版社,2019.10(2025.8 重印)
全国高职高专机电及机器人专业工学结合"十三五"规划教材
ISBN 978-7-5680-5700-4

Ⅰ.①组…　Ⅱ.①贾…　②唐…　③付…　Ⅲ.①自动控制-高等职业教育-教材　Ⅳ.①TP273

中国版本图书馆 CIP 数据核字(2019)第 219461 号

组态控制技术　　　　　　　　　　　　　　　　　　贾丽仕　唐　亮　付晓军　主编
Zutai Kongzhi Jishu

策划编辑:余伯仲
责任编辑:邓　薇
封面设计:原色设计
责任监印:周治超
出版发行:华中科技大学出版社(中国·武汉)　　　电话:(027)81321913
　　　　　武汉市东湖新技术开发区华工科技园　　　邮编:430223
录　　排:武汉三月禾传播有限公司
印　　刷:武汉邮科印务有限公司
开　　本:787mm×1092mm　1/16
印　　张:11.75
字　　数:296 千字
版　　次:2025 年 8 月第 1 版第 2 次印刷
定　　价:35.00 元

前　言

随着现代控制技术的飞速发展,组态控制技术逐渐成为工业控制技术的一个重要组成部分。组态软件能帮助广大工程技术人员设计出符合应用需求的开发工具,满足企业对软件的需求,降低在自动测试、数据分析方面的成本,提高系统的开放程度。未来的智能化程度越来越高,组态定制能尽可能支撑更多的自动化系统硬件,将实时数据库的作用不断加强,使其在自动化系统中发挥的作用逐渐增大。因此,作为从事工业控制领域的相关技术人员,掌握组态控制技术是十分必要的。

本书以北京昆仑通态自动化软件科技有限公司的 MCGS 嵌入版组态软件为例,介绍组态软件在工业监控工程中的设计和应用方法。本书以系统为导向、以能力培养为重点构建各章内容,并结合现代电气控制系统安装与调试等国家级职业技能大赛内容,将技能大赛资源融入教学内容,设计了机械手监控系统、水位控制系统、十字路口交通灯组态监控系统、加热反应炉自动监控系统、液体混合搅拌控制系统、电动大门自动监控系统,以及液力变扭箱监控系统 7 个典型系统。每个系统以控制要求为驱动、以实际工作任务为线索,遵从成长规律,系统从简单到复杂,知识由基础到够用,技能从基本到综合,实现理论知识与实践知识的结合,"教、学、做一体化"。教学内容从工程到实践再到拓展,让学习者了解、体验自动化工程实践过程,提升学习者的实践创新能力。

本书在内容编排上,依照工控人员职业技能要求,参考项目式教学模式,科学设置章节体系,将组态知识融入工程案例的设计与实现中。本书由咸宁职业技术学院贾丽仕、江西工业工程职业技术学院唐亮、仙桃职业学院付晓军担任主编。其中,第 0 章、第 1 章和第 2 章由贾丽仕编写,第 3 章、第 5 章和第 7 章由付晓军编写,第 4 章和第 6 章由唐亮编写。本书由贾丽仕统稿。

由于编者水平有限,加上编写时间仓促,书中难免有不足之处,敬请广大读者批评指正。

编者

2019 年 5 月

目 录

第0章 引 入

1. 教学内容

(1) MCGS 人机界面的产品型号命名规则,机器编号规则,产品规格特性,产品接口。

(2) 人机界面的组成结构、安装和电源接线方式。

(3) MCGS 组态软件嵌入版的安装方法。

(4) 新建工程,下载工程。

(5) 人机界面与可编程控制器的连接。

(6) 权限设置,工程加密等。

(7) 时间设置。

(8) 中英文切换组态。

2. 教学重点

(1) MCGS 组态软件嵌入版的安装方法。

(2) 时间设置。

(3) 多语言组态。

(4) 权限设置和工程加密。

3. 教学难点

(1) 人机界面和计算机的连接。

(2) 人机界面和可编程控制器的操作。

0.1 MCGS 人机界面介绍

0.1.1 产品型号和机器编号

1. 产品型号:TPC AB C D E

(1) TPC 代表整机代号。

(2) AB 代表液晶屏尺寸,其中 64 表示 6.4 英寸(1 in=25.4 mm),70 表示 7 英寸,10 表示 10.4 英寸,12 表示 12.1 英寸,15 表示 15 英寸。

(3) C 代表主板类型,其中 6 表示 ARM2440 主板,2 表示磐仪 Ietx-602 主板。

(4) D 代表显示分辨率,其中 1 表示 1024×768,2 表示 800×600,3 表示 640×480。

(5) E 代表产品类型,其中 K 表示基本型,KS 表示简化型,H 表示增强型。

2.机器编号

机器编号用 16 位阿拉伯数字表示,第 1 到第 3 位表示产品型号编号,第 4、5 位表示产品版本号,第 6、7 位表示产品配置关系,第 8 到第 11 位表示产品生产年、月,第 12 到第 16 位表示产品流水号。

0.1.2 TPC 组成结构

1.主板

TPC 主板从操作系统上分 X86 系列和 ARM 系列。ARM 系列主板由 CPU(中央处理器)、网卡,NAND 存储芯片、内存、总线驱动芯片、显存芯片组成,如图 0-1 所示。

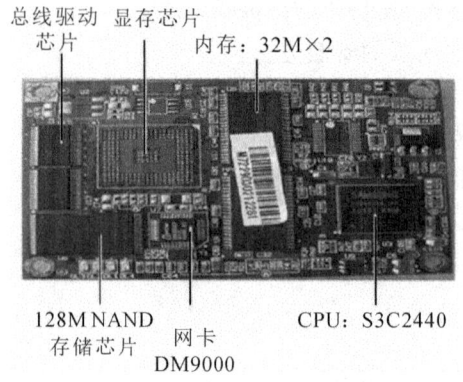

图 0-1 TPC 主板

2.底板

因为触摸屏的接口与外界的输入输出接口都在底板上面,所以底板在整个触摸屏的组成部分中占据重要地位。底板主要由 3 V 氧化银电池、电源接口、触摸屏接口、液晶屏接口、RS232/485 接口、USB 接口、网口、蜂鸣器、串口隔离电源、自制隔离电源、64P 接口、过压保护电路等组成,如图 0-2 所示。

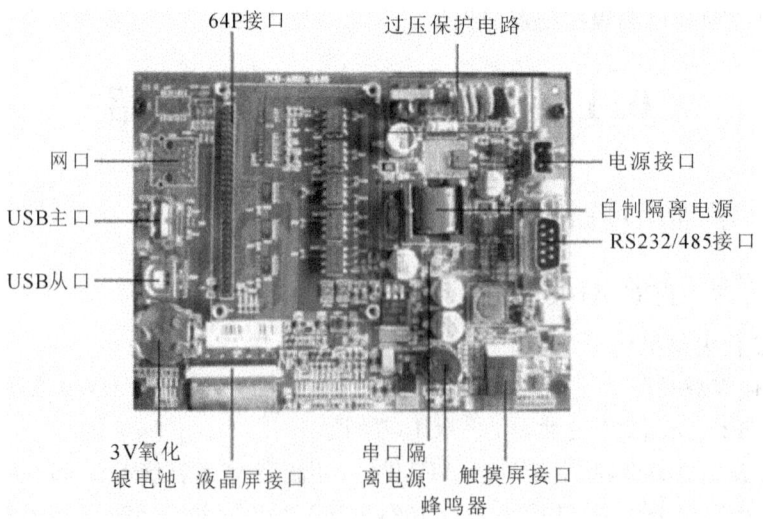

图 0-2 TPC 底板

3.液晶屏

液晶屏主要用来对图形和图像进行显示,将信息直观地展现在我们面前,达到完美的输出效果。屏幕能显示的基本原理就是在两块平行板之间填充液晶材料,通过电压来改变液晶材料内部分子的排列状况,以达到遮光和透光的目的,从而显示深浅不一、错落有致的图像。只要在两块平板间加上三原色的滤光层,就可实现彩色图像的显示。

4.触摸屏

触摸屏是最简单方便的人机交互工具,由触摸检测部件和触摸屏控制器组成。触摸检测部件安装在显示屏幕前面,用于检测用户触摸位置,然后将触摸信息送到触摸屏控制器,而触摸屏控制器的主要作用是从触摸点检测装置上接收触摸信息,将此信息转换成触摸坐标,送给 CPU,同时接收 CPU 发来的执行命令。

0.1.3 人机界面 TPC7062Ti

1.触摸屏的接口

北京昆仑通态自动化软件科技有限公司的昆仑通态触摸屏的实物如图 0-3 和图 0-4 所示,型号为 TPC7062Ti。这个型号的触摸屏是 7 英寸液晶屏,分辨率是 800×480,以 ARM 结构嵌入式低功耗 CPU 为核心,主频达 400 MHz,内存是 64 MB SDRAM,接口有 1 个 RS232、1 个 RS485、2 个 USB、1 个 LAN。

图 0-3 昆仑通态触摸屏的正面

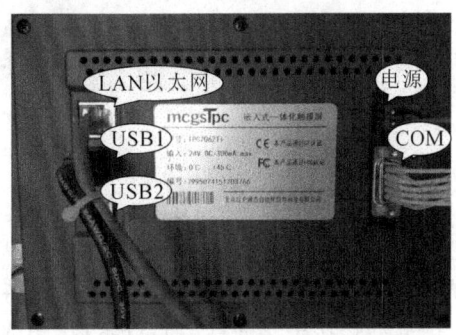

图 0-4 昆仑通态触摸屏的背面

串口的引脚定义如图 0-5 所示,采用 DB-9 的 9 芯插头座。TXD 发送数据,RXD 接收数据,GND 为接地。RS232 接口采用 COM1 口,管脚为 2、3、5。RS485 接口采用 COM2 口,管脚为 7、8。

电源接口接线步骤:先将 24 V 电源线剥线后插入电源插头接线端子中,再使用一字螺丝刀将电源插头螺钉锁紧,然后将电源插头插入电源插座中。建议使用横截面积为 1.25 mm^2 的电源线。

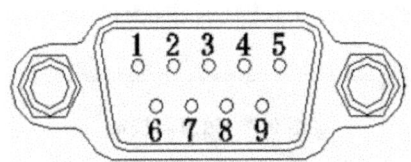

图 0-5 串口引脚定义

接口	PIN	引脚定义
COM1	2	RS232 RXD
	3	RS232 TXD
	5	GND
COM2	7	RS485＋
	8	RS485－

续图 0-5

2.电池的更换

电池位置：TPC 产品内部的电路板上。

电池规格：CR2032 3 V 锂电池。

电池的更换如图 0-6 所示。

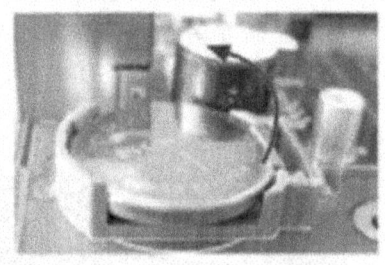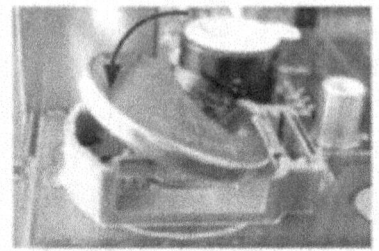

图 0-6　电池的更换

3.触摸屏校准

进入触摸屏校准程序：TPC 开机启动后屏幕出现"正在启动"提示进度条,此时用笔针点屏幕任意位置,进入启动属性界面。等待 30 s,系统自动运行触摸屏校准程序。

用笔针轻按十字光标中心点不放,当光标移动至下一点后抬起,重复该动作,直至提示"新的校准设置已测定",轻点屏幕任意位置退出,如图 0-7 所示。

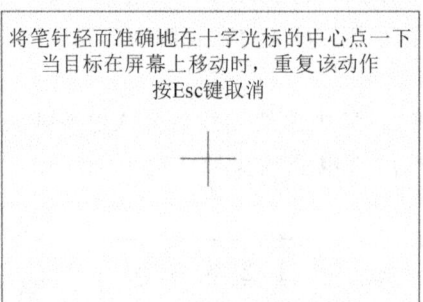

图 0-7　触摸屏校准

0.2　MCGS 组态软件概述

0.2.1　MCGS 组态软件的系统构成及特点

MCGS 组态软件有三种:嵌入版、通用版、网络版。本书重点介绍嵌入版。MCGS 嵌入版组态软件采用中文可视化面向窗口的界面,以窗口为单位,构造用户运行系统的图形界面。MCGS 嵌入版组态软件的主要特点如下:

(1) 容量小,整个系统最低配置只需要 2 MB 的存储空间;

(2) 速度快,系统能满足实时控制要求;

(3) 成本低,系统最低配置只需要主频 24 MB 的 386 单板计算机;

(4) 可以嵌入实时多任务操作,无硬盘,内置看门狗,上电重启时间短;

(5) 功能强大,提供中断处理;

(6) 扫描精度高,通信方便,操作简便。

MCGS 嵌入版组态软件体系结构分为组态环境、模拟运行环境、运行环境三部分。组态环境和模拟运行环境可以在计算机上运行。运行环境是独立的运行系统,按照组态工程中用户指定的处理方式,完成用户组态设计的目标和功能。

MCGS 嵌入版组态软件的用户应用系统包括主控窗口、设备窗口、用户窗口、实时数据库、运行策略五个部分,如图 0-8 所示。

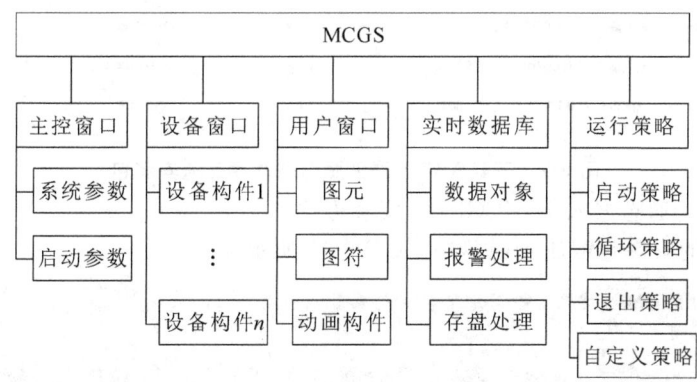

图 0-8　MCGS 嵌入版组态软件的用户应用系统

窗口是屏幕中的一块空间,直接提供给用户使用。在窗口中,用户可以创建图形对象,调整画面的布局,组态配置不同的参数。

在 MCGS 嵌入版组态软件中,每个应用系统只能有一个主控窗口和一个设备窗口,可以有多个用户窗口和多个运行策略,实时数据库可以有多个数据对象(也称为变量)。

主控窗口构造了应用系统的主框架,确定了工业控制中工程作业的总体轮廓、运行流程、特性参数和启动特性。设备窗口是 MCGS 嵌入版组态软件系统与外部设备联系的媒介,是专门用来放置不同类型和功能的设备构件,以实现对外部设备的操作和控制。对用户来说,设备窗口在运行时是不可见的。

用户窗口实现了数据和流程的可视化,可以放置的图形对象包括图元、图符、动画构件。图元和图符对象为用户提供一套完善的设计制作图形画面和定义动画的方法。动画构件对应不同的动画功能,从工程实践经验中总结的动画显示与操作模块,用户可以直接使用。组态工程中的用户窗口,最多定义 512 个。

实时数据库是 MCGS 嵌入版组态软件系统的核心,主要进行数据处理,将外部设备采集的数据送入数据库,进行报警处理和存盘处理,然后把信息以事件方式发送给系统其他部分,以便触发相关事件,进行实时处理。实时数据库存储的单元,不仅有变量的数值,还有特征参数、操作方法。这种将数值、属性、方法封装在一起的数据称为数据对象。

运行策略是对系统运行流程实现有效控制的手段。一个应用系统有启动策略、循环策略、退出策略,同时允许用户创建或定义最多 512 个用户策略(自定义策略)。启动策略在应用系统开始运行时调用,退出策略在应用系统退出运行时调用,循环策略由系统在运行过程中定时循环调用,用户策略供系统中的其他部件调用。

一个用户应用系统在组态工作开始时,只为用户搭建一个能够独立运行的空框架,提供了丰富的动画部件与功能部件。如果要完成一个实际的应用系统,则要像搭积木一样,在组态环境中由系统提供用户扩展的构建应用系统,配置各种参数,形成一个有丰富功能且可实际应用的工程。然后把组态环境中的组态结果提交给运行环境。运行环境和组态结果一起构成了用户自己的应用系统。

0.2.2　MCGS 嵌入版组态软件的安装

搜索深圳昆仑通态科技有限责任公司官网,在下载中心中下载 MCGS 嵌入版组态软件完整安装包,如图 0-9 所示。

产品名称	文件类型	文件大小	下载
MCGS_嵌入版7.7(01.0001)完整安装包	RAR	48407K	↓
MCGS_嵌入版7.2(10.0001)完整安装包	RAR	88783K	↓
MCGS_嵌入版7.2(10.0001)简化安装包	RAR	25978K	↓
MCGS_通网版6.2(01.0000)完整安装包	RAR	85840K	↓

图 0-9　下载 MCGS 嵌入版组态软件完整安装包

下面介绍昆仑通态嵌入版 MCGS7.7 安装方法。

(1) 将下载的安装包解压到磁盘中,如图 0-10 所示。

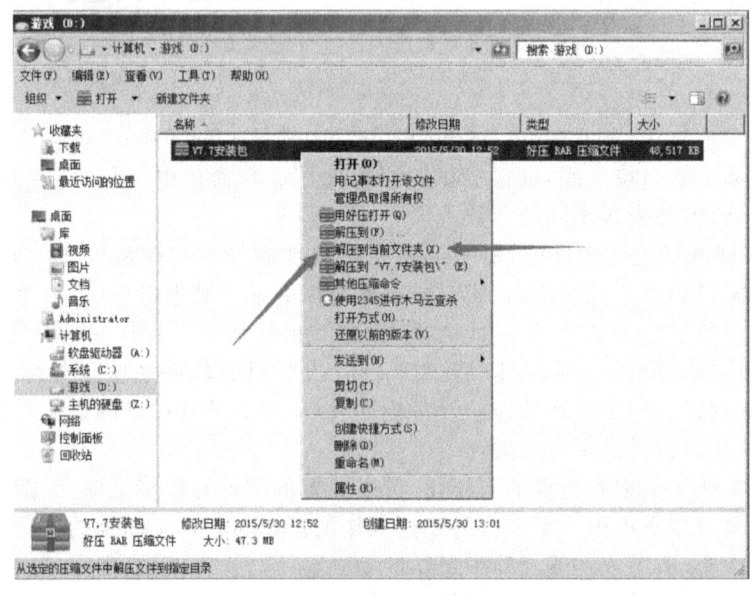

图 0-10　解压安装包

（2）打开解压的安装包文件夹，找到"Setup"双击安装，安装过程如图 0-11 所示。

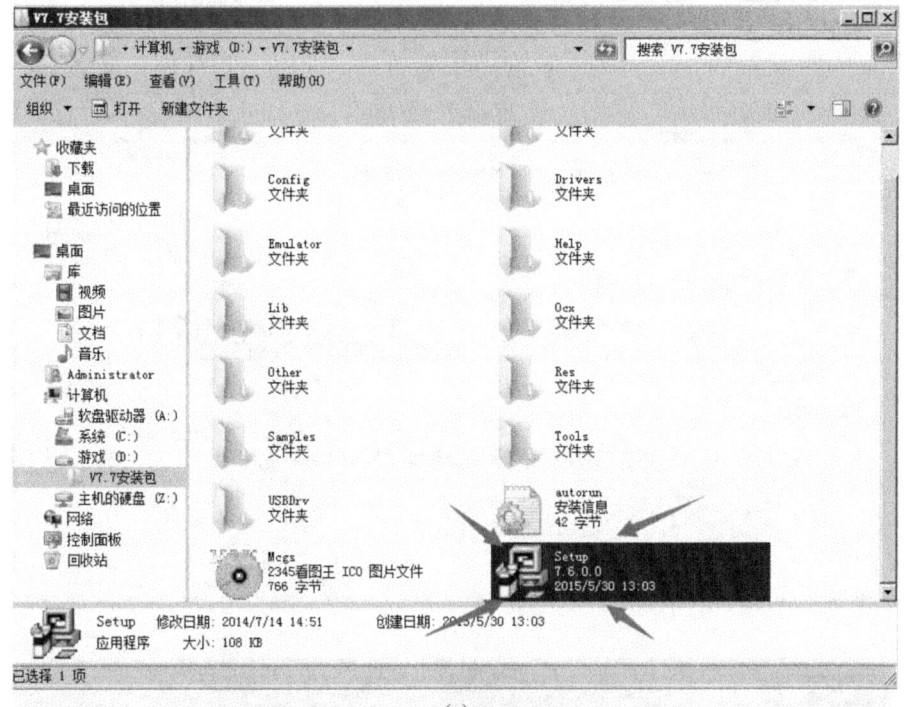

(a)

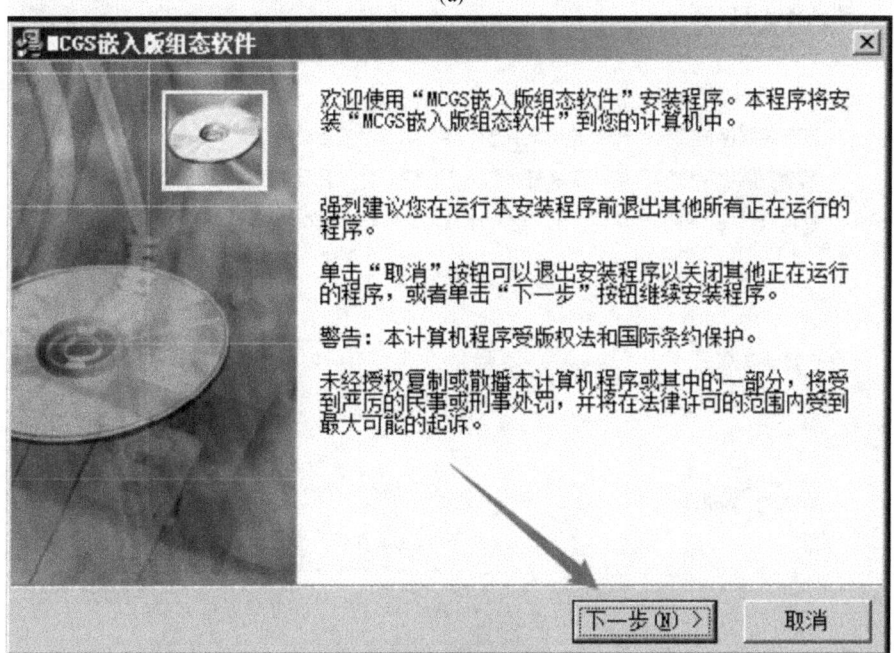

(b)

图 0-11　安装过程

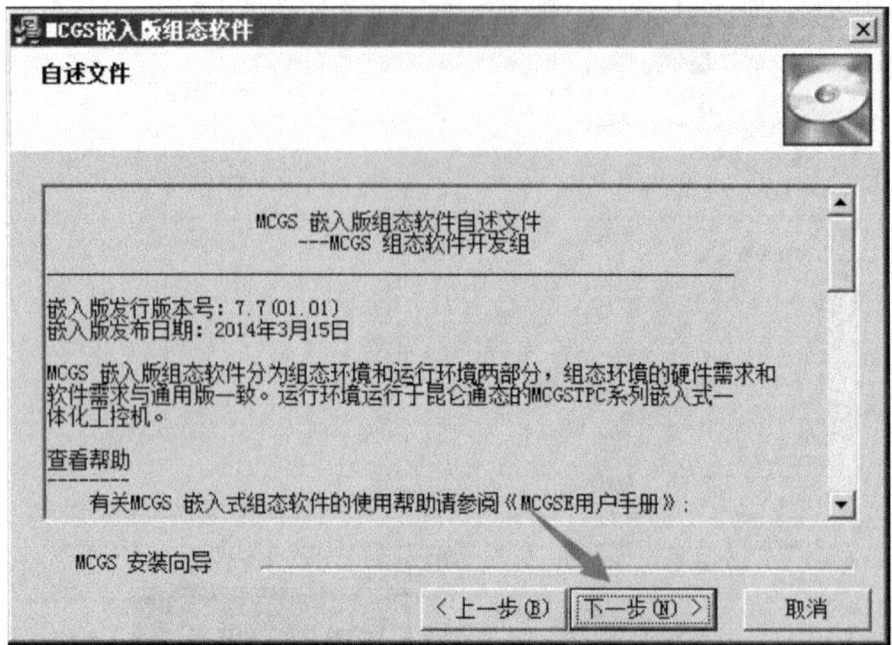

(c)

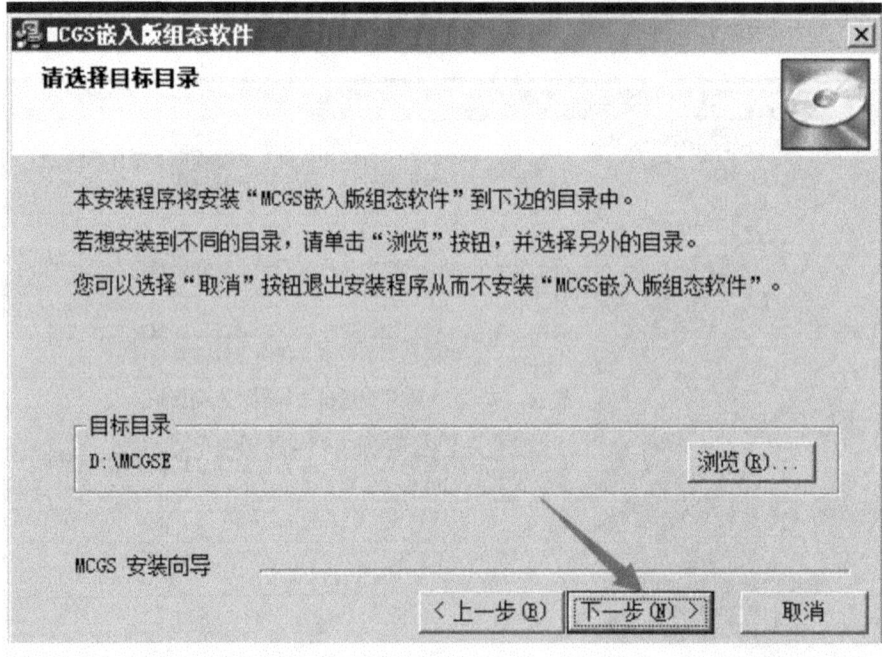

(d)

续图 0-11

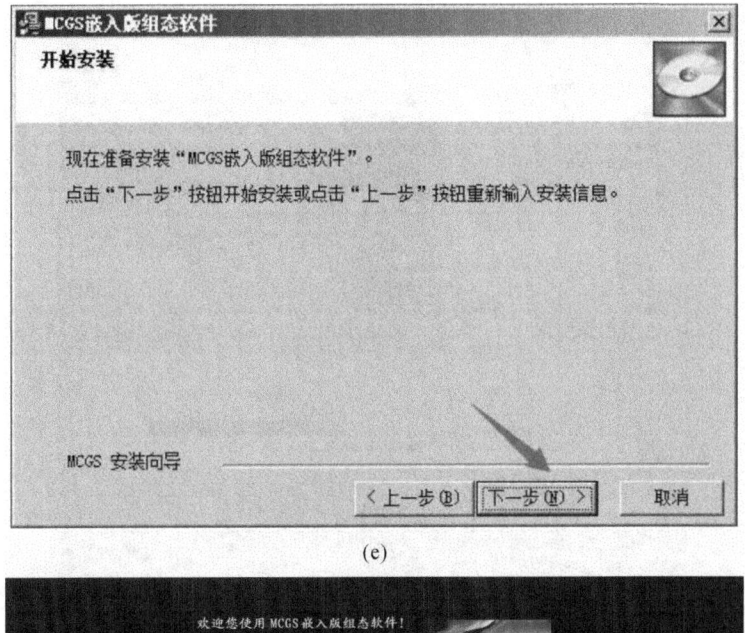

(e)

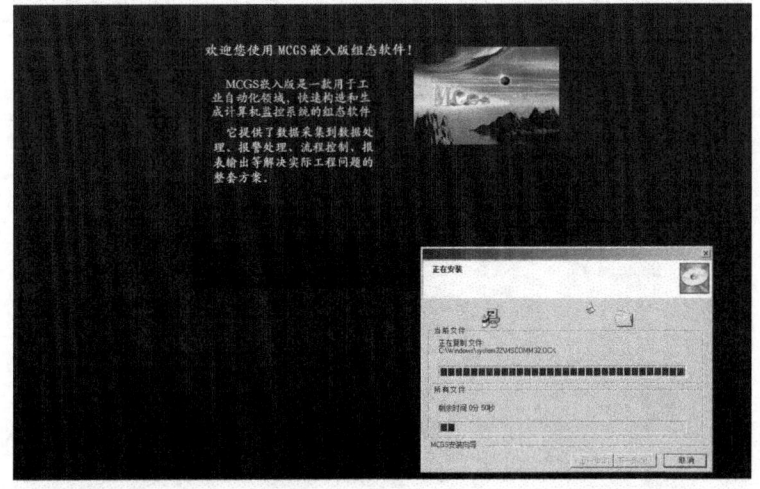

(f)

续图 0-11

（3）如果遇到如图 0-12 所示的提示，应选择"始终安装此驱动程序软件(I)"，因为这是在安装驱动文件，所以不要禁止安装。安装过程如图 0-13 所示。

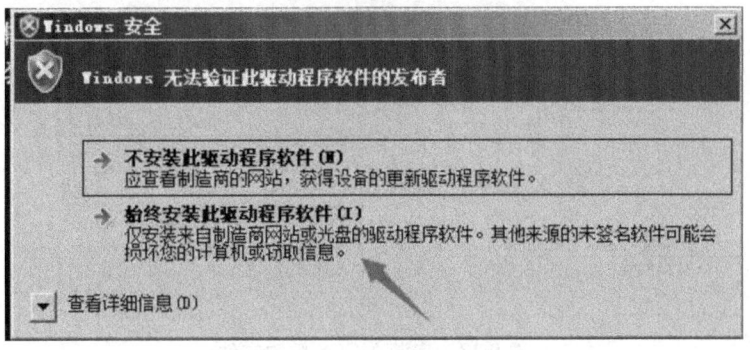

图 0-12　安装过程中遇到的提示

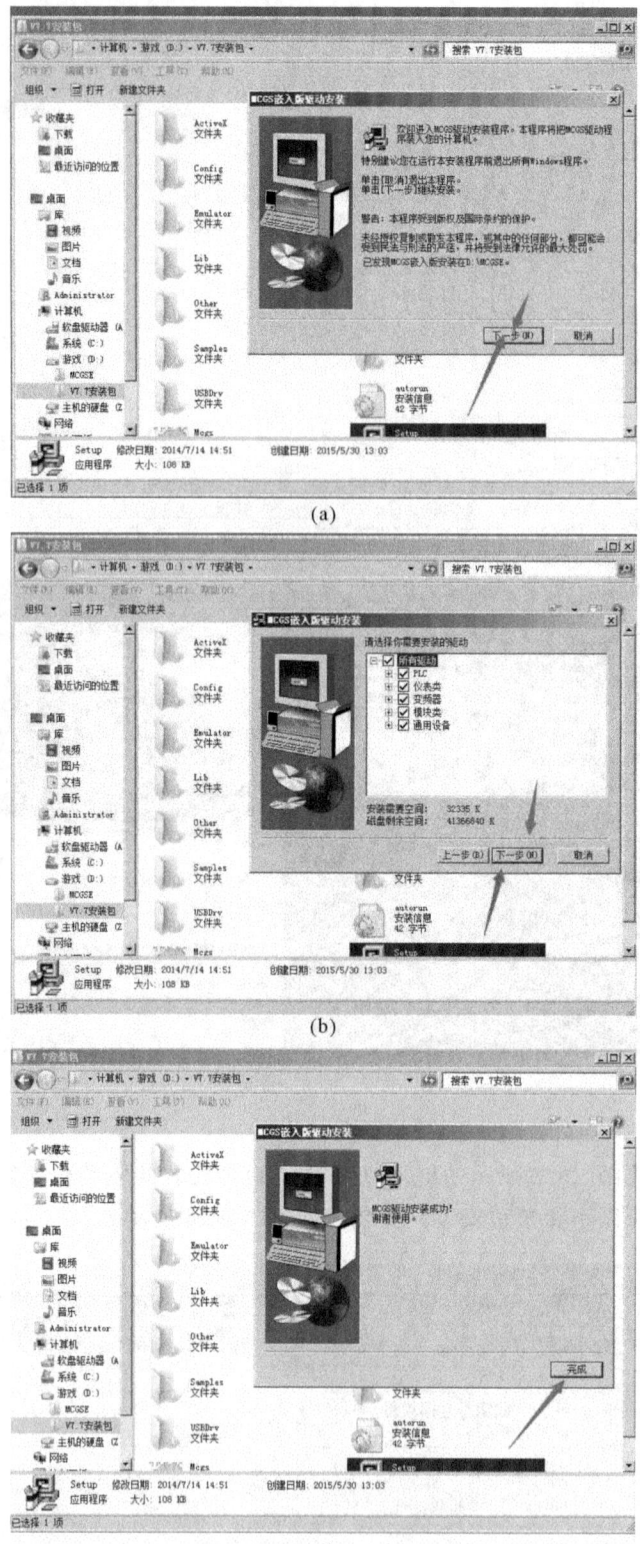

图 0-13　安装 MCGS 驱动文件

（4）安装完成。安装完成后计算机桌面上会有 2 个图标，如图 0-14 所示。

图 0-14 安装后的图标

0.3 新建工程和工程下载

0.3.1 新建、重命名、保存工程

1. 新建工程

双击桌面上的"MCGSE 组态环境"图标，进入组态环境。单击"文件"→"新建工程"，选择类型"TPC7062Ti"，单击"确定"按钮。

2. 重命名工程

单击"文件"→"工程另存为"，将文件名更改为"人机界面 TPC7062Ti"。

3. 保存工程

单击"文件"→"保存工程"。

0.3.2 工程下载

右击"MCGSE 组态环境"图标，选择"兼容性疑难解答"，保证计算机与软件兼容。

要使 MCGS 组态软件的工程下载成功，首先得将计算机与人机界面连接，连接的方法有两种，一种是使用 USB 线，一种是使用网线。

1. USB 通信

对于普通的 USB 线，一端为扁平接口，将其插入计算机的 USB 口；一端为微型接口，将其插入 TPC 端的 USB2 口，如图 0-15 所示。

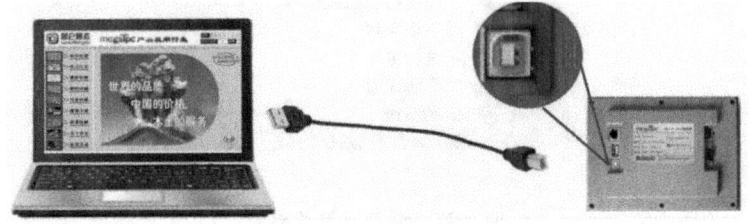

图 0-15 使用 USB 线连接计算机与人机界面

连好后,在计算机上选择"工具"→"下载配置",单击"连机运行",选择连接方式为"USB通讯"。单击"工程下载",启动运行即可,如图 0-16 所示。

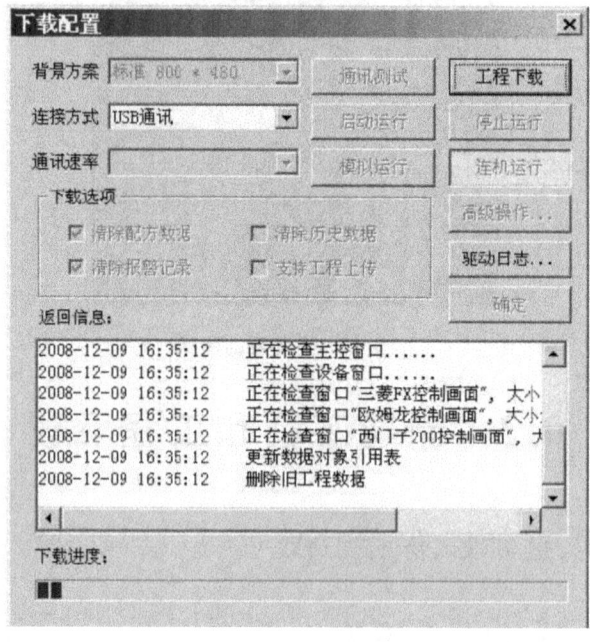

图 0-16 下载配置界面

当出现 Windows 7 下的 USB 无法下载时,可以打开桌面上的"计算机"→"设备管理器",找到"移动设备"下的"PocketPC USB Sync"。右击选择"属性",打开"驱动程序"选项卡,单击"更新设备驱动"→"浏览计算机以查找驱动程序软件"→"从计算机的设备驱动程序列表中选择"→"MCGS USB Sync"这个驱动,再单击"下一步"。系统提示"Windows 已经成功地更新驱动程序文件",最后看到设备管理器的移动设备的驱动已经改为"MCGS USB Sync",如图 0-17 所示,则表示 Windows 7 下的 USB 无法下载问题已妥善解决。

图 0-17 驱动已更改界面

图 0-18 所示是触摸屏控制西门子 PLC 的运行效果图。PLC 的指示灯会随着按钮的操作变化。

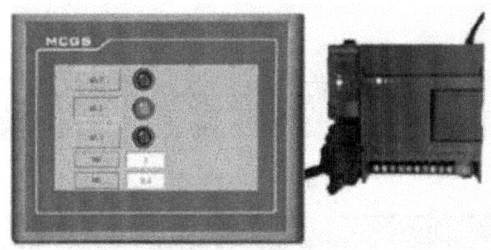

图 0-18　触摸屏控制西门子 PLC 的运行效果图

连接 PLC 的步骤如下。

1）设备组态

在工作台中激活设备窗口，单击"设备工具箱"。双击"通用串口父设备"→"西门子_S7200PPI"，将其添加至组态画面窗口，如图 0-19 所示。

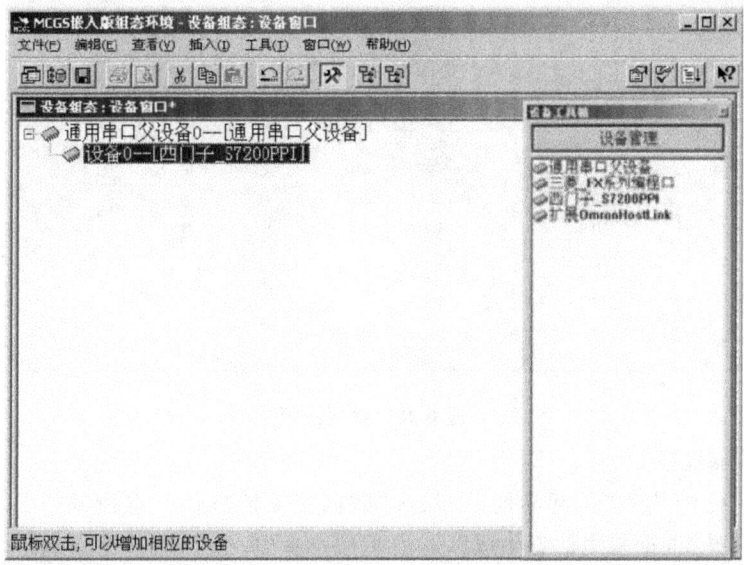

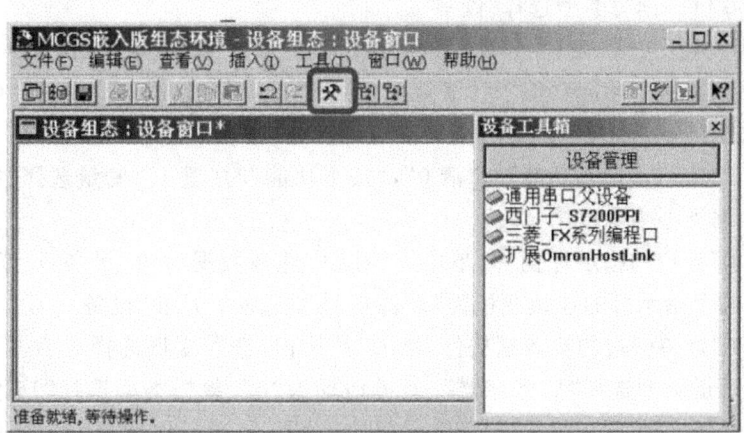

图 0-19　设备组态

2）窗口组态

在工作台激活用户窗口，新建窗口，建立"窗口 0"。将窗口名称修改为"西门子 200 控制画面"。

3）绘制画面

放置三个按钮，并将文本分别修改为"Q0.0""Q0.1"和"Q0.2"。插入三个指示灯。放置两个标签，在文本内容中输入"VW0""VW2"。单击工具箱中的输入框，放入两个输入框，分别摆放在两个标签旁边，如图 0-20 所示。

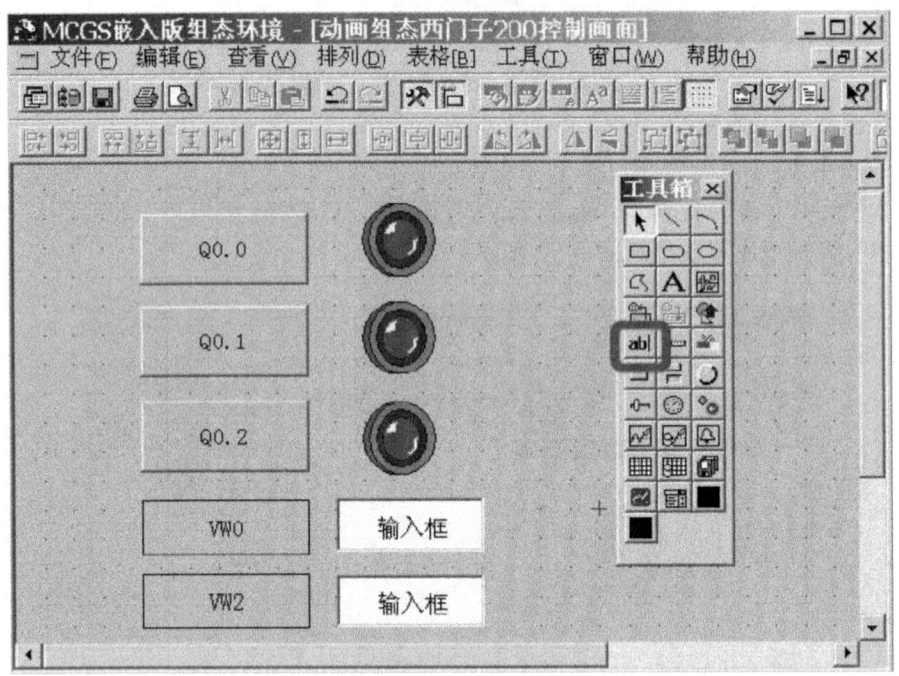

图 0-20 绘制画面

4）建立数据连接

双击按钮"Q0.0"，在"抬起功能"中勾选"数据对象值操作"，选择"清 0"，单击"？"按钮，弹出对话框，选择"根据采集信息生成"，通道类型选择"Q 寄存器"，通道地址为 0，数据类型选择"通道第 00 位"，读写类型选择"读写"。

单击"按下功能"按钮，设置"数据对象值操作"→"置 1"→"设备 0_读写 Q000_0"。

双击"Q0.1"按钮，"抬起功能"时"清 0"，"按下功能"时"置 1"，变量选择"Q 寄存器"，通道地址为 0，数据类型为通道第 01 位。

双击"Q0.2"按钮，"抬起功能"时"清 0"，"按下功能"时"置 1"，变量选择"Q 寄存器"，通道地址为 0，数据类型为通道第 02 位。

双击"Q0.0"旁边的指示灯构件，单击"？"按钮，选择数据对象"设备 0_读写 Q000_0"。同样设置其他两个指示灯的连接变量为"设备 0_读写 Q000_1"和"设备 0_读写 Q000_2"。

双击"VW0"标签旁边的输入框构件，单击"？"按钮，进入变量选择对话框，选择"根据采集信息生成"，通道类型选择"V 寄存器"，通道地址为"0"，数据类型选择"16 位无符号二进制"，读写类型选择"读写"。双击"VW2"标签进行设置，将通道地址改为"2"，其他与"VW0"标签一样设置。

2. 网线通信

使用网线连接触摸屏和计算机。计算机的 IP 地址和人机界面的 IP 地址要在同一网段。

单击计算机"开始"→"运行",输入"cmd",单击"确认"按钮。在命令窗口输入"ipconfig",按 Enter 键。此时可以看到计算机的 IP 地址为 169.254.45.30,子网掩码为 255.255.0.0,默认网关为 192.168.31.1。

确认好后,单击"工具"→"下载配置"→"工程下载"→"模拟运行",即可开始 MCGS 工程下载。

接下来,介绍一下触摸屏上 IP 地址的设置方法和步骤。

(1) 断电重启触摸屏(见图 0-21)。开机后按住"启动属性"(见图 0-22),进入系统设置。

图 0-21　触摸屏开机启动

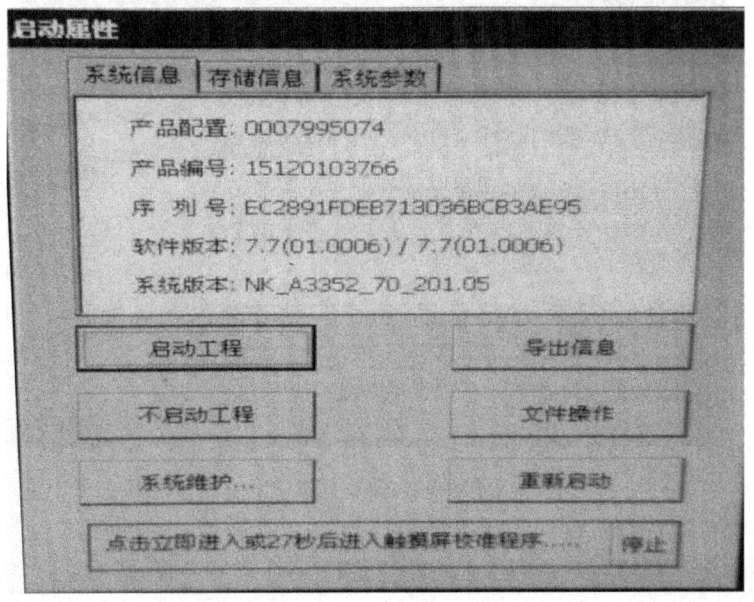

图 0-22　触摸屏启动属性

(2) 单击"系统维护",进行下一步操作。

（3）单击图 0-23 中的"设置系统参数"，可进行系统参数的设置。

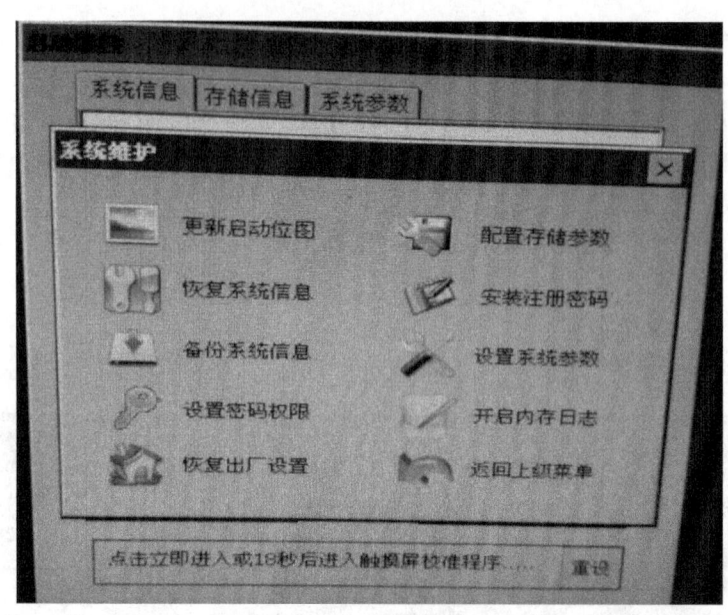

图 0-23　设置系统参数

（4）设置 IP 地址。如图 0-24 所示，设置 IP 地址为 169.254.45.37，保证触摸屏的 IP 地址与计算机的 IP 地址在同一网段。

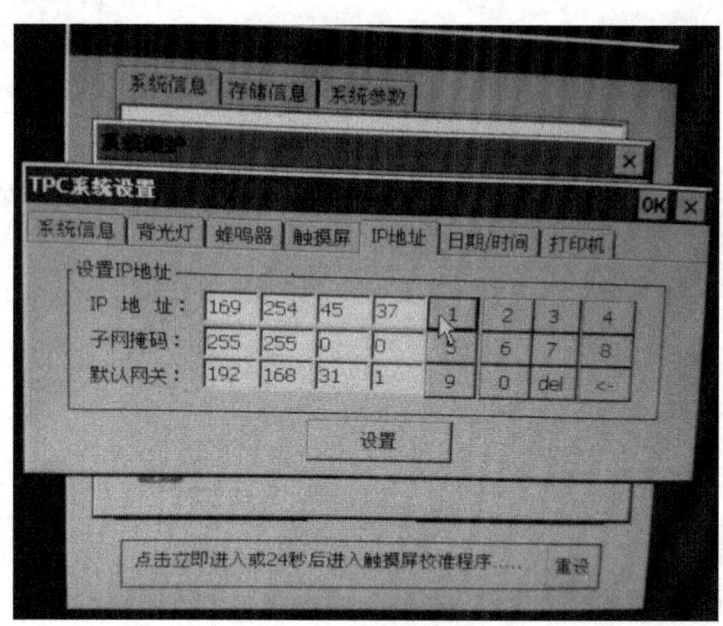

图 0-24　设置 IP 地址

（5）设置完成后，单击"返回上级菜单"。

（6）重启系统。重启完成后，IP 地址设置完成。

接下来，单击"连机运行"，选择连接方式为"TCP/IP 网络"，将目标机名更改为"169.254.45.37"（之前设置的 IP 地址）。单击"工程下载"，单击触摸屏上的"进入运行环境"，如图 0-25 所示，即可进行后续运行。

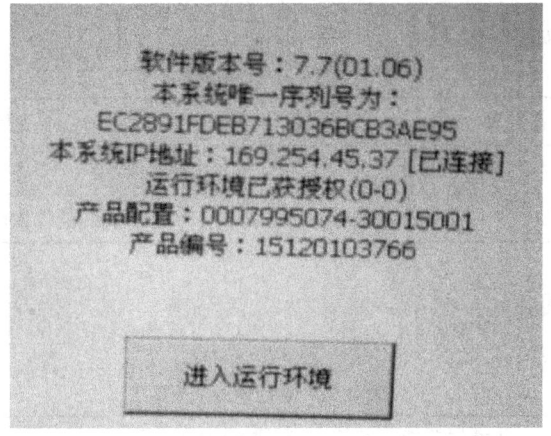

图 0-25　IP 地址设置完成

0.4　人机界面和 PLC 的连接

0.4.1　人机界面与西门子 PLC 连接

人机界面与西门子 PLC 连接如图 0-26 所示。

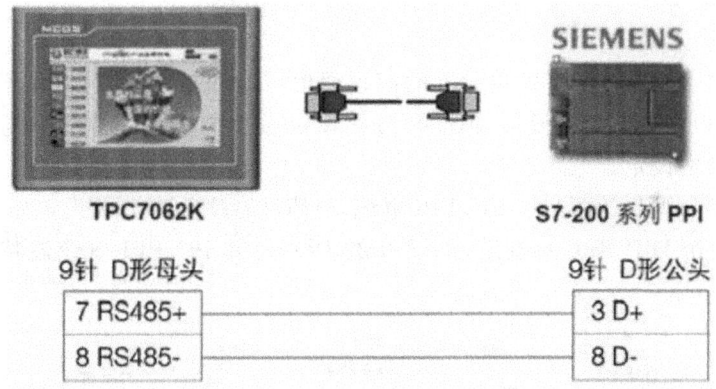

图 0-26　人机界面与西门子 PLC 连接

1. MCGS 软件设置

（1）父设备设置，如表 0-1 所示。

表 0-1　父设备设置

参数项	推荐设置	可选设置	注意事项
串口端口号	COM2	COM1/COM2/COM3/COM4	支持 RS485 通信
通信波特率	9600	9600/19200	必须与 PLC 通信口设定相同
数据位位数	8	8	此协议数据位位数固定为 8
停止位位数	1	1	此协议停止位位数固定为 1
数据校验方式	偶校验	偶校验	此协议数据校验固定为偶校验

（2）子设备设置，如表0-2所示。

表0-2　子设备设置

参数项	推荐设置	可选设置	注意事项
设备地址	2	1~31	必须与PLC通信口设定相同
通信等待时间	500	正整数	当采集数据量较大时，设置值可适当增大

2.设备地址范围

设备地址范围如表0-3所示。

表0-3　设备地址范围

寄存器类型	可操作范围	表示方式	说明
I	0~015.7	DDD.O	输入映像寄存器
Q	0~015.7	DDD.O	输出映像寄存器
M	0~031.7	DDD.O	中间存储器
V	0~5119.7	DDD.O	数据存储器

其中，D表示十进制，O表示八进制。

3.通信连接方式及接线图

1）通信连接方式

西门子PLC都可通过CPU单元上的编程通信口与触摸屏连接，其中CPU226有两个通信端口，都可以用来连接触摸屏，但需要分别设定通信参数。通过CPU连接时需要注意软件中通信参数的设定。

采用标准串口型号的西门子PC/PPI电缆，电缆波特率DIP开关设置如下。

（1）带有5个DIP开关的电缆，如图0-27所示。其PC/PPI电缆波特率开关选择如表0-4所示。

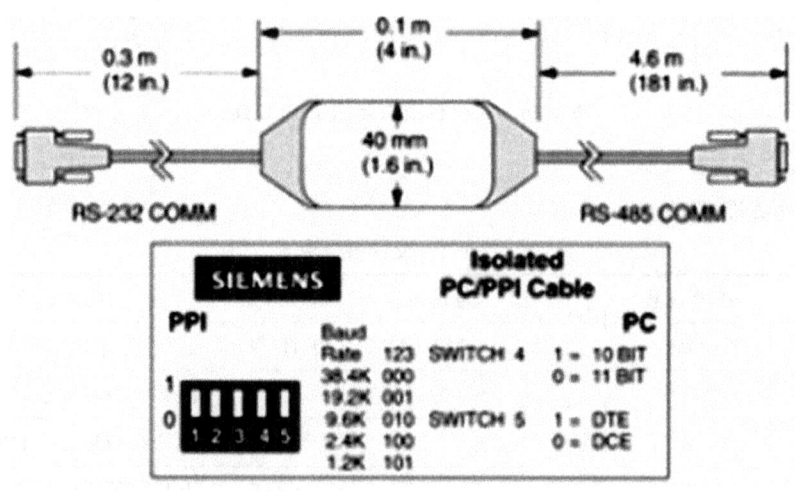

图0-27　带有5个DIP开关的电缆

表 0-4　带有 **5** 个 DIP 开关的 PC/PPI 电缆波特率开关选择

波特率	开关（1＝上）
38400	000
19200	001
9600	010
4800	011
2400	100
1200	101
600	110

（2）带有 8 个 DIP 开关的电缆，如图 0-28 所示。其 PC/PPI 电缆波特率开关选择如表 0-5 所示。

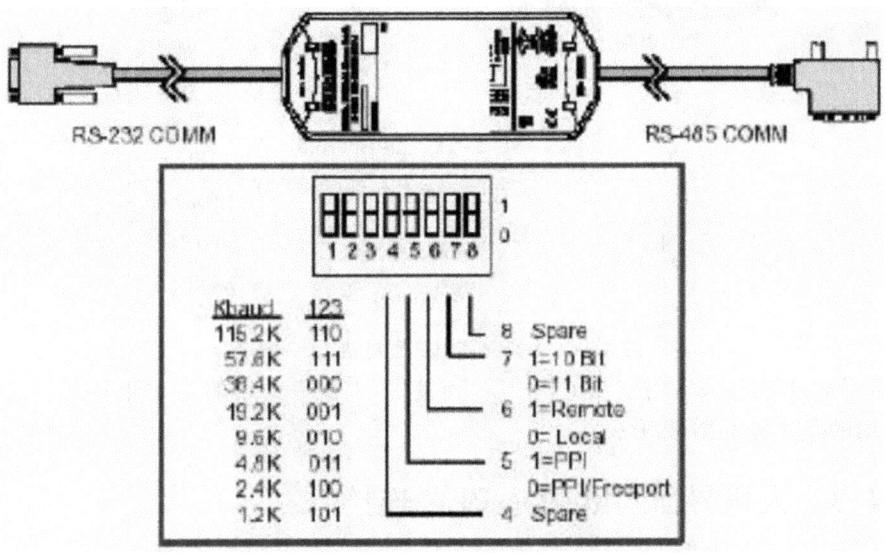

图 0-28　带有 8 个 DIP 开关的电缆

表 0-5　带有 **8** 个 DIP 开关的 PC/PPI 电缆波特率开关选择

波特率	开关（1＝上）
115200	110
57600	111
38400	000
19200	001
9600	010
4800	011
2400	100
1200	101

2）接线图

触摸屏的 RS485 接口与 PLC 编程口的连接如图 0-29 所示。

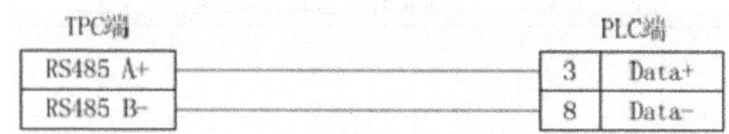

图 0-29 触摸屏的 RS485 接口与 PLC 编程口的连接

0.4.2 人机界面与三菱电机 PLC 连接

人机界面与三菱电机 PLC 连接如图 0-30 所示。

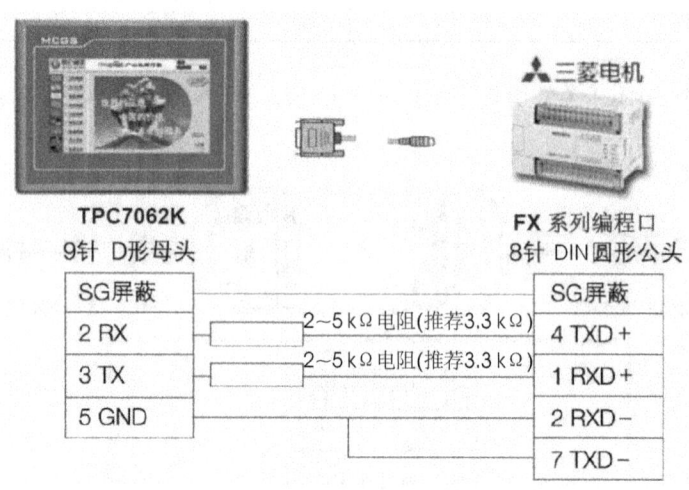

图 0-30 人机界面与三菱电机 PLC 连接

人机界面 TPC7062K 与三菱电机 PLC 连接中,人机界面用的是 9 针 D 形母头,三菱电机 PLC 用的是 8 针 DIN 圆形公头。

0.4.3 人机界面与欧姆龙 PLC 连接

人机界面与欧姆龙 PLC 连接如图 0-31 所示。

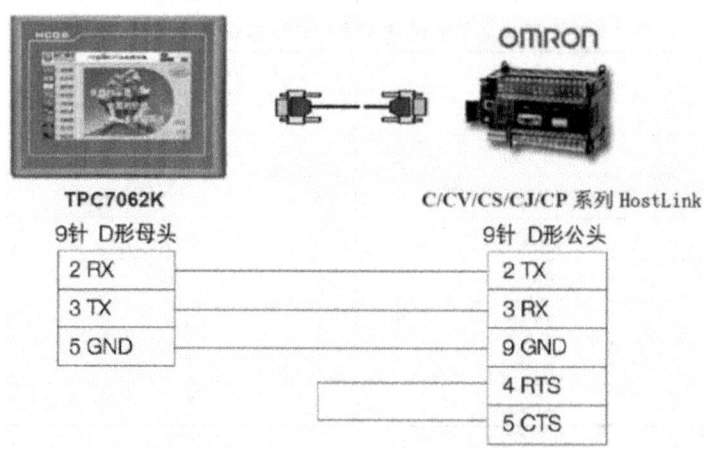

图 0-31 人机界面与欧姆龙 PLC 连接

人机界面 TPC7062K 与欧姆龙 PLC 连接中,人机界面用的是 9 针 D 形母头,欧姆龙用的是 9 针 D 形公头。

0.5　MCGS 工程安全机制与加密

工业过程控制中,应尽量避免由现场人为误操作引发的故障和事故。为了防止事故发生,MCGS 组态软件提供了一套完善的安全机制。在 MCGS 组态软件中,可以定义多个用户组,每个用户组可以包含多个用户,同一个用户可以隶属于多个用户组。

0.5.1　定义用户和用户组

在菜单"工具"中单击"用户权限管理",弹出"用户管理器"对话框。单击"用户组名"下面的空白处,再单击"新增用户组",会弹出"用户组属性设置"对话框。单击"用户名"下面的空白处,再单击"新增用户",会弹出"用户属性设置"对话框,设置"用户名称",单击"确认"按钮,退出,如图 0-32 所示。

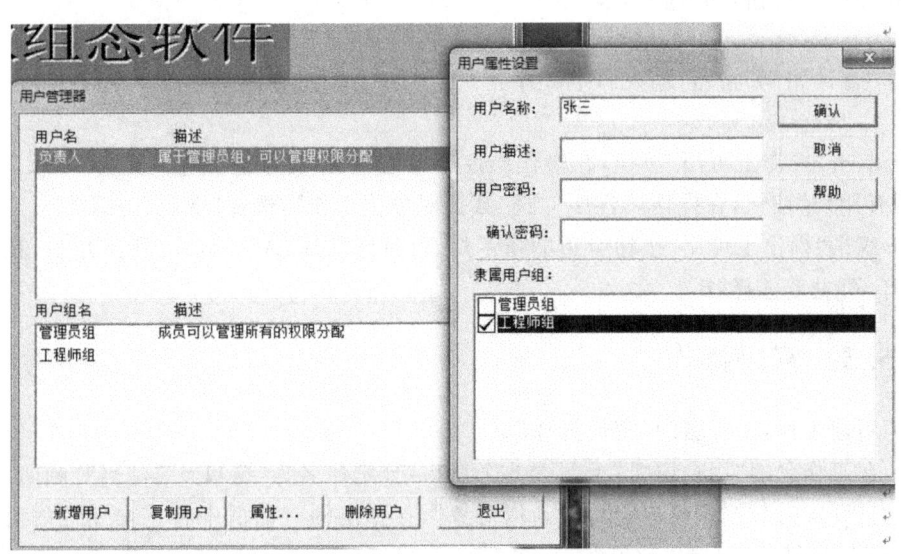

图 0-32　定义用户和用户组

0.5.2　权限设置和工程加密

在 MCGS 组态平台上单击"主控窗口",选择"系统属性",在"基本属性"中单击"权限设置"按钮,选择"进入登录,退出登录"。

在"工具"下拉菜单中单击"工程安全管理"→"工程密码设置",修改密码后单击"确认"按钮,工程加密生效。

(1) 新建工程,工程名为"权限"。在实时数据库中新增对象 A、B,都是开关型。

(2) 新建窗口,右键设置为启动窗口。绘制画面如图 0-33 所示。

(3) 单击"工具"→"用户权限管理",新建"操作工"用户组。新建用户名"马工",设置为操作工组,密码为 1;管理员组的用户是负责人,密码是 2。

(4) 双击"登录"按钮,在"脚本程序"→"抬起脚本"中输入脚本程序:

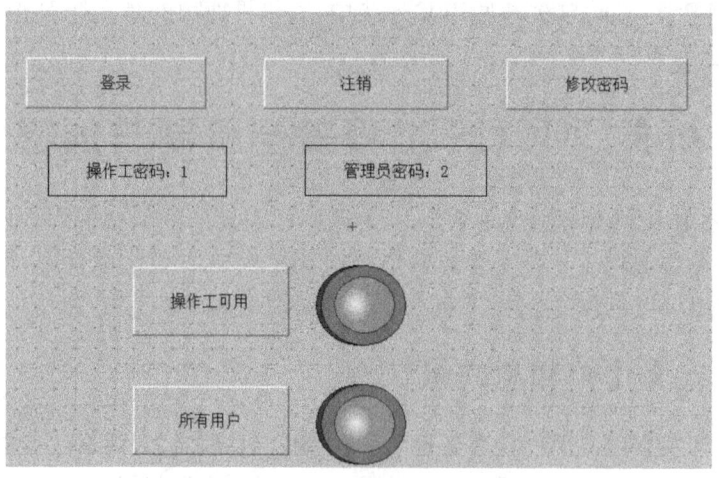

图 0-33　绘制工程加密窗口

```
！LogOn()
```

双击"注销"按钮,输入脚本程序:

```
！LogOff()
```

双击"修改密码"按钮,输入脚本程序:

```
！ChangePassword()
```

(5) 双击"操作工可用"按钮,在操作属性中勾选"数据对象值操作",选择"取反"→"A"。双击"所有用户"按钮,在操作属性中勾选"数据对象值操作",选择"取反"→"B"。

(6) 双击"操作工可用"按钮旁边的指示灯,可见度选择"A"。双击"所有用户"按钮旁边的指示灯,可见度选择"B"。

0.5.3　密码操作

(1) 新建工程,工程名为"密码操作"。

(2) 在工作台的"用户窗口"上新建 3 个窗口,分别命名为"窗口 0""密码""画面 1"。

(3) 打开实时数据库窗口,单击"新增对象",在弹出的对话框中将基本属性的对象名称改为"密码",对象类型改为"数值"。

(4) 打开"窗口 0"用户窗口,用工具箱中的 ⌐ 绘制一个按钮,双击该按钮,在基本属性的文本中输入"打开画面 1",如图 0-34 所示。在脚本程序中的"抬起脚本"中输入以下脚本程序:

```
！OpenSubWnd(密码,239,144,325,146,0)
```

图 0-34　打开画面按钮

（5）打开"密码"用户窗口，在属性设置中的"启动脚本"中输入"密码＝0"。在画面中选择工具箱中的常用图符 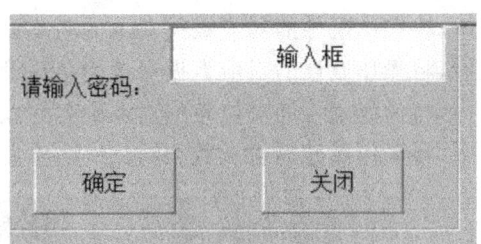，选择 □，绘制一个框子。在该框子内部用 Ａ 输入字符："请输入密码："。

（6）使用 ab|绘制一个输入框，在操作属性中将对应数据对象的名称改为"密码"。

（7）绘制两个按钮。一个为"确定"，在脚本程序中输入如下程序：

```
IF 密码= 123 THEN
用户窗口.画面 1.Open()
! CloseSubWnd(密码)
ENDIF
```

另一个为"密码"（见图 0-35），在操作属性中勾选"关闭用户窗口"，选择"密码"。

图 0-35　输入密码画面

（8）在"画面 1"窗口中用标签输入"恭喜您，操作成功！"（见图 0-36），再绘制一个按钮，在基本属性的文本框中输入"返回"，在操作属性中的"抬起功能"中，单击"打开用户窗口"→"窗口 0"。

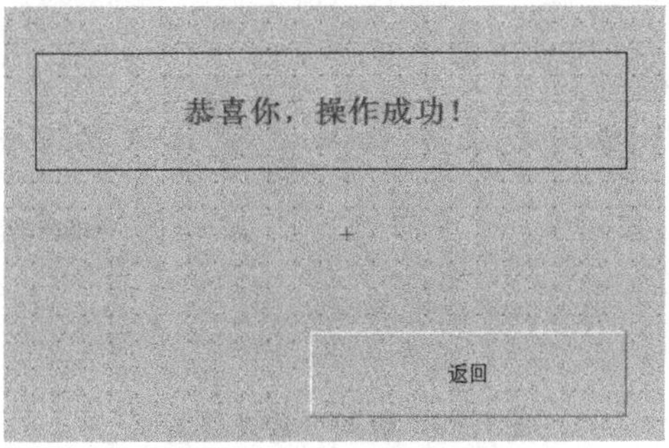

图 0-36　操作成功画面

0.6　时　间　设　置

（1）新建一个工程，命名为"设置时间"。在实时数据库中新增时间数据对象，如图 0-37所示。

分	开关型
秒	开关型
年	开关型
日	开关型
时	开关型
月	开关型

图 0-37　新增时间数据对象

（2）在用户窗口中新建窗口，窗口名为"设置时间参数"。在窗口属性中选择"启动脚本"，输入以下程序：

年＝＄year

月＝＄month

日＝＄day

时＝＄hour

分＝＄minute

秒＝＄Second

（3）打开用户窗口，按如下步骤绘制画面，得到如图 0-38 所示的时间参数设置画面。

在"年"前面的输入框中，将操作属性的对应数据对象的名称设置为"年"。

在"月"前面的输入框中，将操作属性的对应数据对象的名称设置为"月"。

在"日"前面的输入框中，将操作属性的对应数据对象的名称设置为"日"。

在"时"前面的输入框中，将操作属性的对应数据对象的名称设置为"时"。

在"分"前面的输入框中，将操作属性的对应数据对象的名称设置为"分"。

在"秒"前面的输入框中，将操作属性的对应数据对象的名称设置为"秒"。

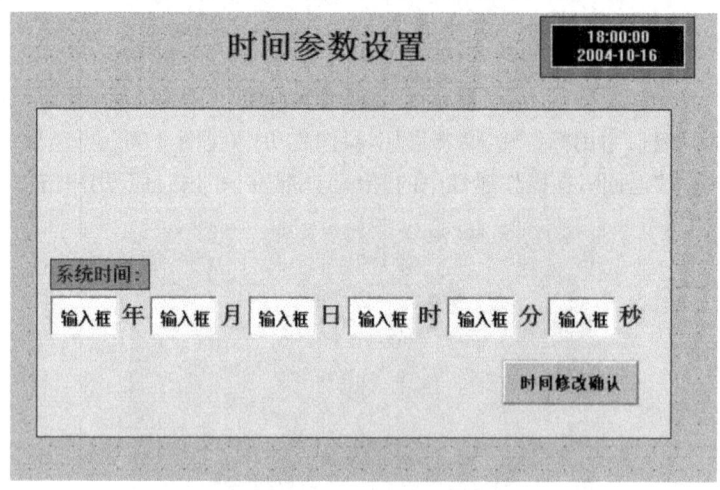

图 0-38 时间参数设置画面

（4）双击"时间修改确认"按钮，在"脚本程序"→"抬起脚本"中输入程序：

! settime(年,月,日,时,分,秒)

（5）在插入元件中选择"时钟"→"时钟 4"。

0.7 多语言工程组态

MCGS组态软件是全中文的组态软件，可以设置工程语言为中英文两种，具体步骤如下。

（1）新建窗口，进入用户窗口属性设置，设置窗口背景为蓝色，添加一个标签，作为此窗口的标题，设置坐标为(0,0)，大小为 800×50，填充颜色为白色，文本内容为"多语言组态"，然后添加两个圆角矩形。

（2）添加两个标签，设置文本内容为"标签1"和"标签2"，字符颜色和边线颜色都设为黄色,填充颜色为"没有填充"。

（3）添加两个按钮,双击按钮,取消"使用相同属性",将"抬起"状态的文本改为"抬起",
"按下"状态的文本改为"按下",按钮的背景色设为藏青色,如图 0-39 所示。

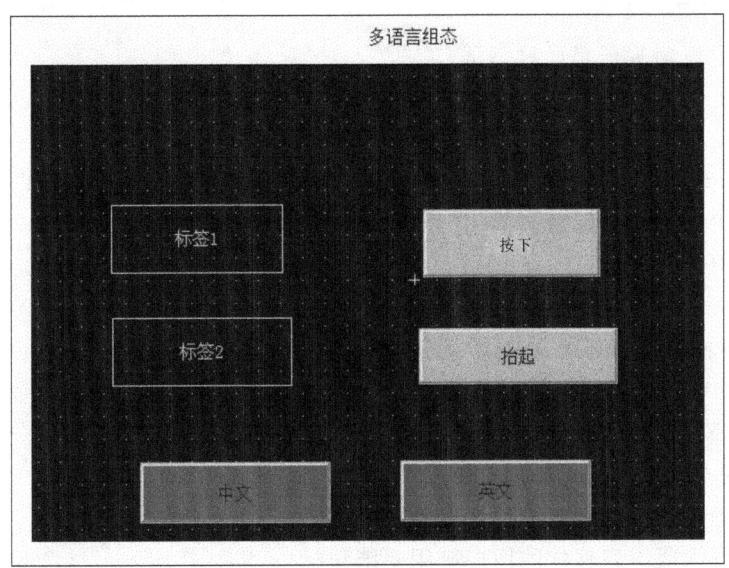

图 0-39 多语言组态画面

双击"中文"按钮,在脚本程序中输入:

```
! SetCurrentLanguageIndex(0)
```

双击"英文"按钮,在脚本程序中输入:

```
! SetCurrentLanguageIndex(1)
```

单击菜单中"工具"→"多语言配置",在"English"下输入英文,如图 0-40 所示。

序号	Chinese	English	引用
1	多语言组态	language	\用户窗口\窗口0\标签\控
2	标签1	label one	\用户窗口\窗口0\标签\控
3	标签2	label two	\用户窗口\窗口0\标签\控
4	按下	down	\用户窗口\窗口0\标准按钮
5	抬起	up	\用户窗口\窗口0\标准按钮
6	按钮	button	\用户窗口\窗口0\标准按钮
7	按钮	button	\用户窗口\窗口0\标准按钮
8	中文	chinese	\用户窗口\窗口0\标准按钮
9	中文	chinese	\用户窗口\窗口0\标准按钮
10	英文	english	\用户窗口\窗口0\标准按钮
11	英文	english	\用户窗口\窗口0\标准按钮

图 0-40 输入英文

习　题

一、单项选择题

1. TPC7062Ti 触摸屏是（　　）屏。

A. 5 英寸　　　　　　　B. 6 英寸　　　　　　　C. 7 英寸　　　　　　　D. 8 英寸

2. TPC7062Ti 触摸屏电源为（　　）。

A. 24 V 直流电　　　　B. 220 V 交流电　　　　C. 220 V 直流电　　　　D. 24 V 交流电

3. MCGS 中用户登录函数包括（　　）。

A. ! LogOff( )　　　　　　　　　　　　B. ! ChangePassword( )

C. ! Editusers( )　　　　　　　　　　　D. ! LogOn( )

4. MCGSE 模拟运行环境文件名为（　　）。

A. LOAD　　　　　　　　　　　　　　B. MCGSSET. EXE

C. MCGS. EXE　　　　　　　　　　　　D. CEEMU. EXE

二、填空题

1. MCGS 组态软件版本有三种，分别是＿＿＿＿＿＿＿＿＿＿＿＿＿。

2. MCGS 嵌入版组态软件的用户应用系统包括＿＿＿＿＿＿＿＿＿＿＿五个部分。

3. MCGS 嵌入版组态软件的体系结构分为＿＿＿＿＿＿＿＿＿＿＿三部分。

4. 用户窗口实现了数据和流程的可视化，可以放置的图形对象包括＿＿＿＿＿＿＿＿＿。

5. 运行策略是对系统运行流程实现有效控制的手段。一个应用系统有三种基本策略，分别是＿＿＿＿＿＿＿＿＿＿＿＿＿，同时允许用户创建或定义最多＿＿＿＿＿个用户策略。

6. MCGS 工程下载的方法有两种，一种是＿＿＿＿＿＿＿＿＿＿，一种是使用＿＿＿＿＿。

第1章 机械手监控系统设计与实现

1. 教学内容

（1）读懂控制要求，用 MCGS 组态软件进行监控画面制作和程序编写。

（2）绘制组态画面，实现机械手的上升、下降、左移、右移、夹紧、放松动作。

2. 教学重点

（1）使用工作台进入不同的组态窗口。

（2）根据变量分配表在 MCGS 中建立开关型变量和数值型变量，正确设置变量的类型和初值。

（3）新建用户窗口，定义窗口名称，将窗口设置为启动窗口并最大化显示。

3. 教学难点

（1）对指示灯进行可见度动画连接。

（2）进入运行环境进行调试，测试动画连接是否成功。

1.1 机械手监控系统的设计

1.1.1 控制要求

按下"启动停止按钮"，机械手下移到工件处，夹紧工件，携工件上升，右移至下一个工件上方，下移至指定位置，放下工件，上移，左移。

松开"启动停止按钮"，机械手停在当前位置，再次按下"启动停止按钮"，机械手继续运行。

机械手运动过程中，按下"复位停止按钮"，机械手并不是马上停止，而是继续工作，直到完成本周期操作，回到原始位置，才停止。

1.1.2 变量建立

变量建立如图 1-1 所示。

垂直移动量	数值型	
定时器复位	开关型	控制定时器复位，1为复位
定时器启动	开关型	控制定时器的启停，1启动
放松信号	开关型	机械手动作控制，输出1有效
复位停止按钮	开关型	
工件夹紧标志	开关型	
计时时间	数值型	代表定时器计时时间
夹紧信号	开关型	
启动停止按钮	开关型	机械手启停控制信号，输入，1…
上升信号	开关型	
上移信号	开关型	
时间到	开关型	定时器定时时间到为1
水平移动量	数值型	
下移信号	开关型	
右移信号	开关型	
左移信号	开关型	

图 1-1　变量建立

1.1.3　画面设计

机械手监控系统的画面设计如图 1-2 所示。

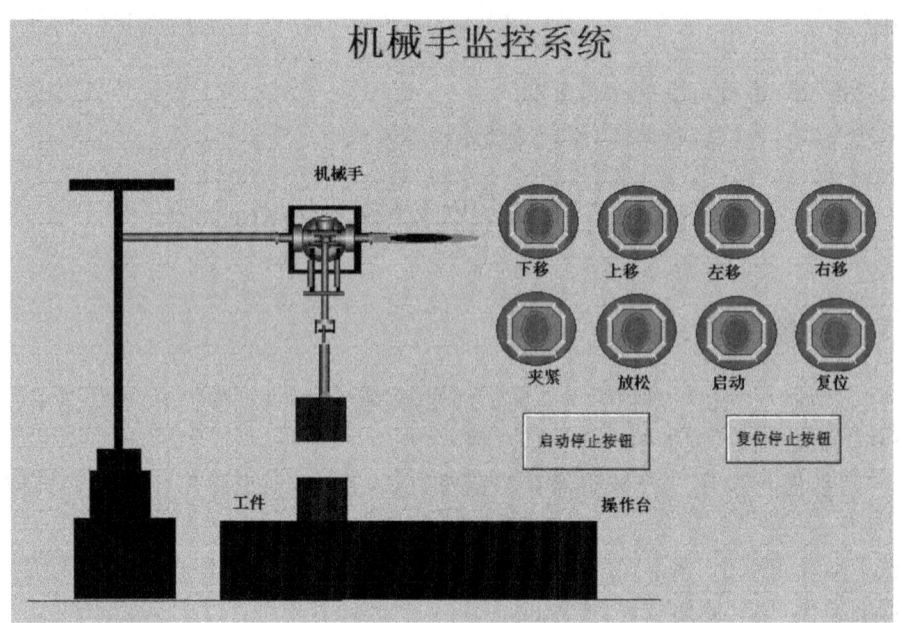

图 1-2　画面设计

1.1.4　动画连接

1. 按钮的动画连接

操作属性选择：取反、启动停止按钮，如图 1-3 所示。

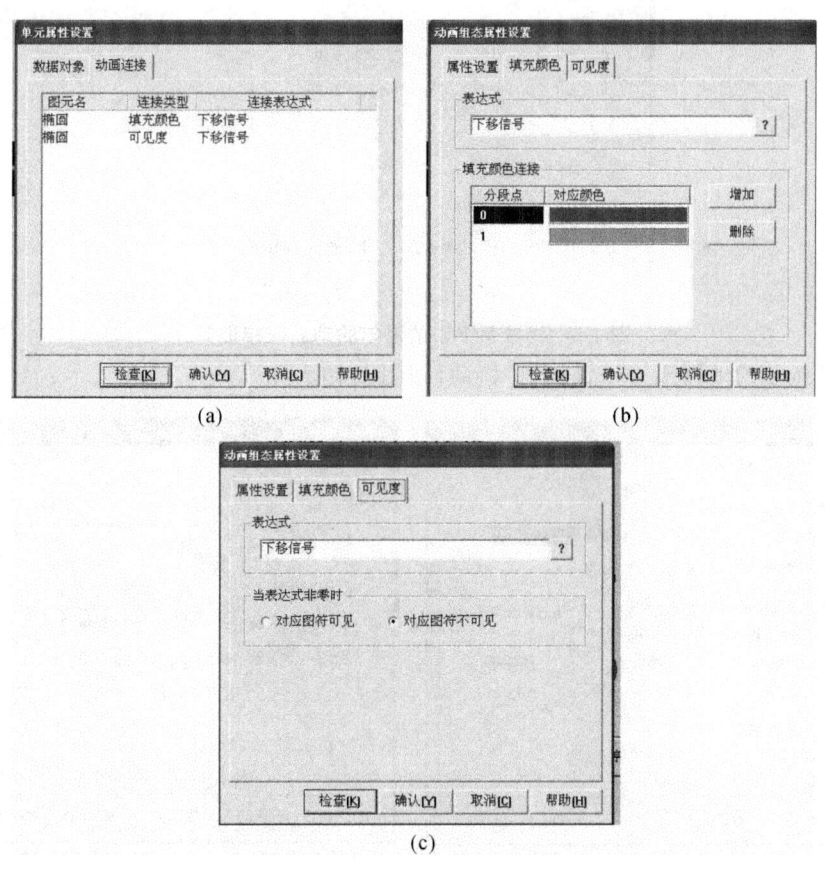

图 1-3　按钮操作属性选择

2.指示灯的动画连接

可见度表达式选择"下移信号",当表达式非零时,指示灯对应图符不可见。指示灯的动画连接设置如图 1-4 所示。

3.机械手的动画连接

（1）机械手下面的滑竿的动画连接设置：水平移动、大小变化，如图1-5所示。

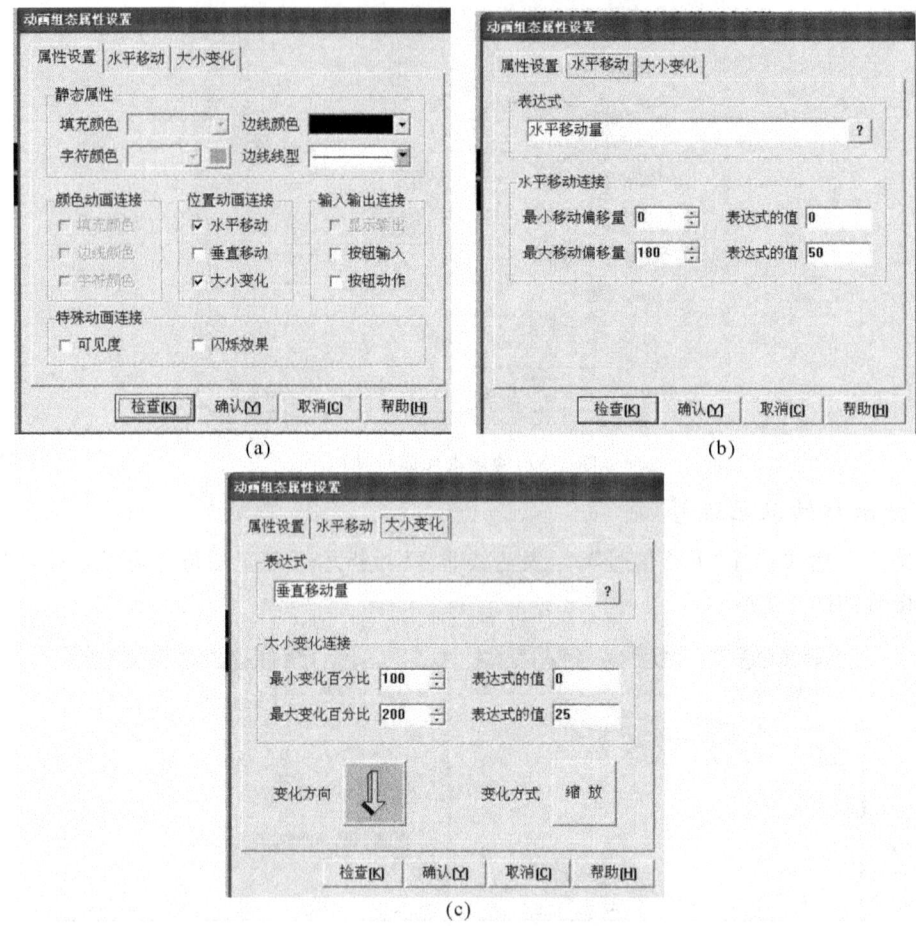

图1-5　机械手下面的滑竿的动画连接设置

（2）机械手的动画连接设置：水平移动，如图1-6所示。

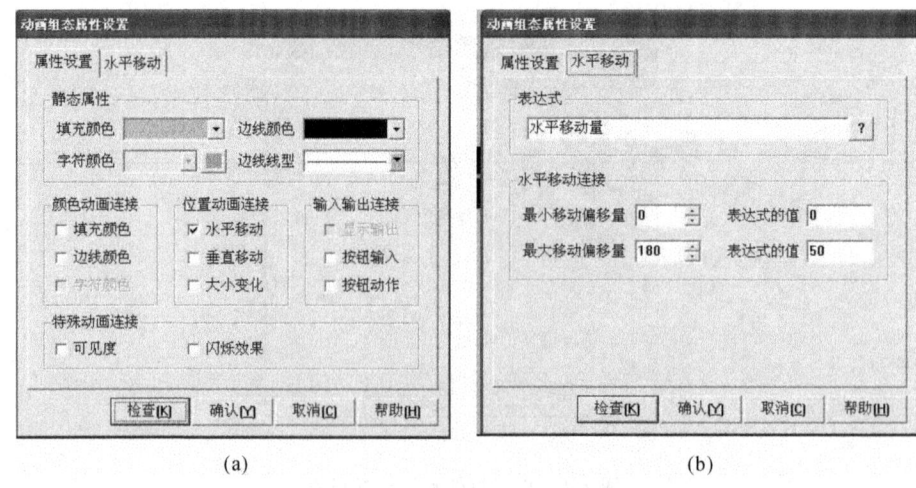

图1-6　机械手的动画连接设置

（3）机械手下的工件的动画连接设置。

机械手下有两个工件,上工件的动画连接设置:垂直移动、水平移动,如图 1-7 所示。

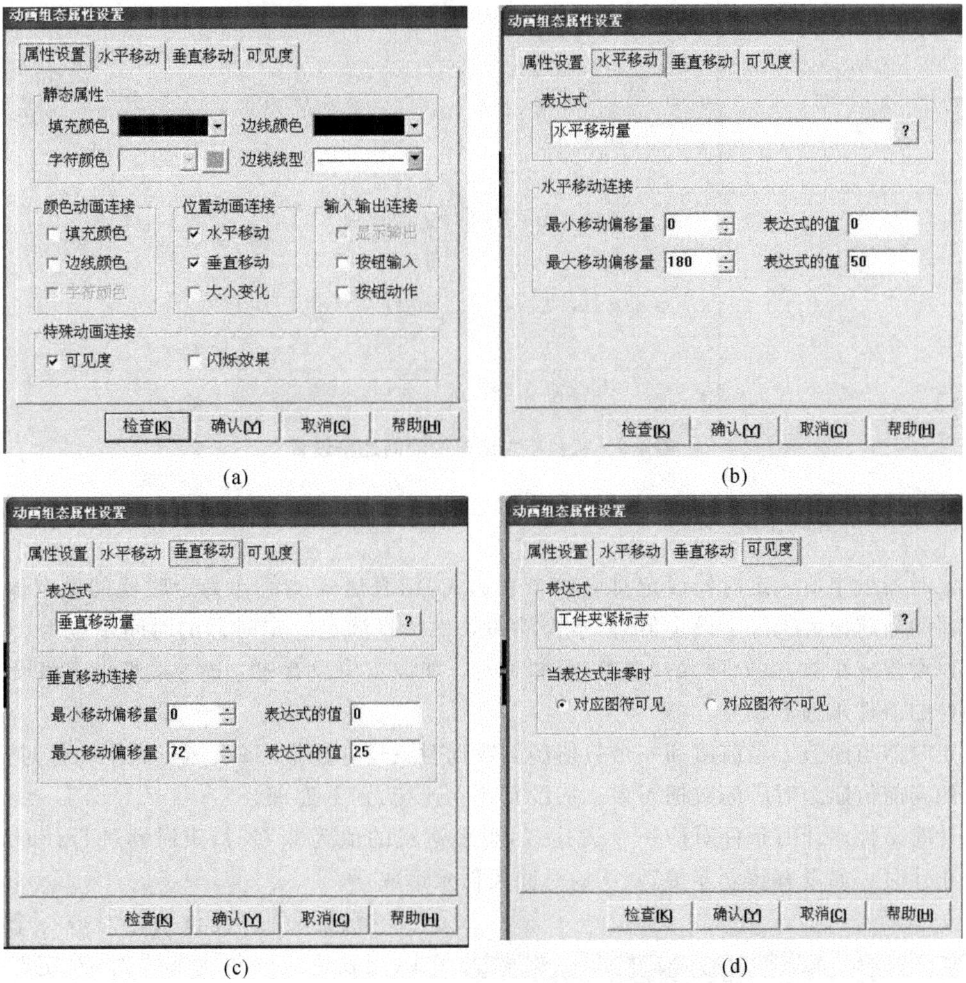

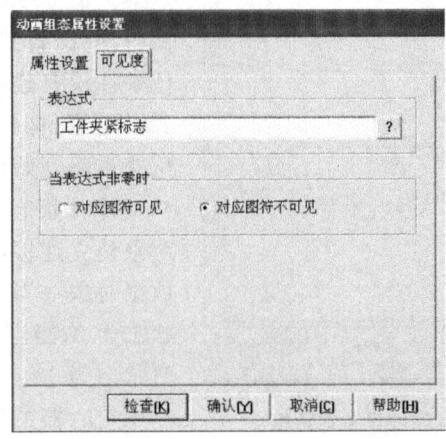

图 1-7　机械手下的上工件的动画连接设置

机械手下的下工件的动画连接只设置可见度,如图 1-8 所示。

图 1-8　机械手下的下工件的动画连接设置

（4）机械手左滑竿的动画连接设置：水平移动，如图 1-9 所示。

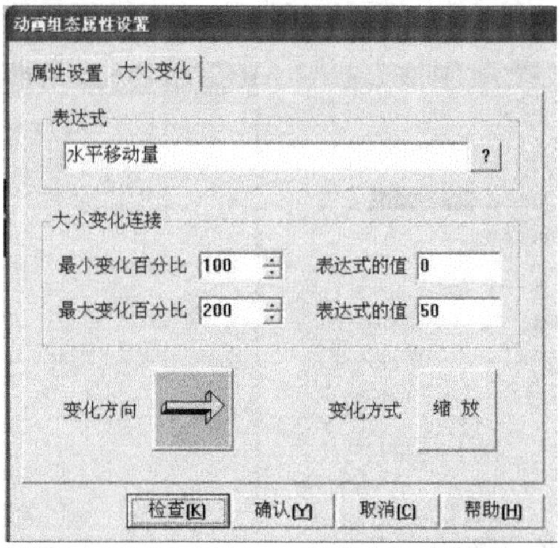

图 1-9　机械手左滑竿的动画连接设置

1.1.5　定时器使用

定时器设定值。定时器设定对应一个表达式，用表达式的值作为定时器的设定值。当定时器的当前值大于等于设定值时，本构件的条件一直满足。定时器的时间单位为 s（秒），但可以设置成小数，以处理 ms（毫秒）级的时间。如设定值没有建立连接或把设定值设为 0，则构件的条件永远不成立。

定时器当前值。当前值和一个数值型的数据对象建立连接，每次运行到本构件时，把定时器的当前值赋给对应的数据对象。如没有建立连接，则不处理。

计时条件。计时条件对应一个表达式，当表达式的值为非零时，定时器进行计时，为 0 时停止计时。如没有建立连接，则认为时间条件永远成立。

复位条件。复位条件对应一个表达式，当表达式的值为非零时，对定时器进行复位，使其从 0 开始重新计时；当表达式的值为零时，定时器一直累计计时，到达最大值 65535 后，定时器的当前值一直保持该数，直到复位条件建立连接。如复位条件没有建立连接，则认为定时器计时到设定值、构件条件满足一次后，自动复位并重新开始计时。

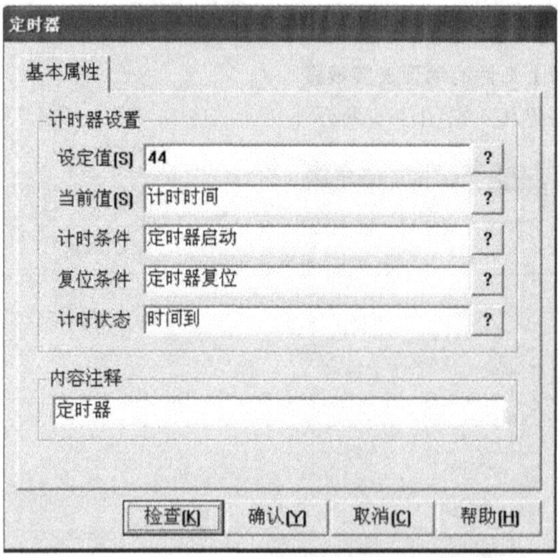

计时状态。计时状态和开关型数据对象建立连接，把计时器的计时状态赋给数据对象。当当前值小于设定值时，计时状态为 0；当当前值大于等于设定值时，计时状态为 1。

定时器的基本属性设置对话框如图 1-10 所示。

图 1-10　定时器的基本属性设置对话框

1.1.6　编写脚本程序

机械手监控系统的脚本程序如下:

```
IF 右移信号= 1 THEN 水平移动量= 水平移动量+ 1
IF 左移信号= 1 THEN 水平移动量= 水平移动量- 1
IF 下移信号= 1 THEN 垂直移动量= 垂直移动量+ 1
IF 上移信号= 1 THEN 垂直移动量= 垂直移动量- 1
IF 启动停止按钮= 1 AND 复位停止按钮= 0 THEN
    定时器复位= 0
    定时器启动= 1          '如果启动停止按钮按下、复位停止按钮松开,则启动定时器工作
ENDIF
IF 启动停止按钮= 0 THEN
    定时器启动= 0          '只要启动停止按钮松开,立刻停止定时器工作
ENDIF
IF 复位停止按钮= 1 AND 计时时间> = 44 THEN
    定时器启动= 0          '如果复位停止按钮按下
                          '只有当计时时间> = 44s,即回到初始位置时,才停止定时器工作
ENDIF
IF 定时器启动= 1 THEN
    IF 计时时间< 5   THEN
        下移信号= 1     '下移 5s
         EXIT
    ENDIF
    IF 计时时间< 7 THEN
        下移信号= 0
        夹紧信号= 1
        工件夹紧标志= 1
        EXIT
    ENDIF
    IF 计时时间< 12 THEN
        上移信号= 1
        EXIT
    ENDIF
    IF 计时时间< 22 THEN
        上移信号= 0
        右移信号= 1
        EXIT
    ENDIF
    IF 计时时间< 27 THEN
        右移信号= 0
        下移信号= 1
```

```
            EXIT
        ENDIF
        IF 计时时间< 29 THEN
            下移信号= 0
            夹紧信号= 0
            放松信号= 1
            工件夹紧标志= 0
            EXIT
        ENDIF
        IF 计时时间< 34 THEN
            放松信号= 0
            上移信号= 1          '上移 5s
            EXIT
        ENDIF
        IF 计时时间< 44 THEN
            上移信号= 0
            左移信号= 1          '左移 10s
            EXIT
        ENDIF
        IF 计时时间> = 44 THEN
            左移信号= 0
            定时器复位= 1
            水平移动量= 0
            垂直移动量= 0
            EXIT
        ENDIF
    ENDIF
    IF 定时器启动= 0 THEN      '停止控制
        下移信号= 0
        上移信号= 0
        左移信号= 0
        右移信号= 0
    ENDIF
```

1.2　机械手监控系统工程的实现

1.2.1　工程的建立与变量的定义

单击文件菜单中的"新建工程",保存工程,单击"工程另存为"菜单项,在文件名一栏中输入"机械手监控系统",单击"保存"按钮。

本系统至少需要 21 个变量,如图 1-11 所示。

名字	类型	注释
InputETime	字符型	系统内建数据对象
InputSTime	字符型	系统内建数据对象
InputUser1	字符型	系统内建数据对象
InputUser2	字符型	系统内建数据对象
放松计数	数值型	手放松计数
机械手垂直移动量	数值型	竖滑竿、机械手手指的垂直移动量
机械手水平移动量	数值型	机械手、横滑竿、竖滑竿的水平移动量
夹紧信号	开关型	机械手的夹紧动作控制信号
启动按钮	开关型	机械手启动控制信号，SB1输入，1有效
启动标志	开关型	启动标志
上限位	开关型	机械手移动的上限位置控制信号
上移信号	开关型	机械手的夹上升控制信号
停止按钮	开关型	机械手停止控制信号，SB2输入，1有效
停止标志	开关型	停止标记
问候语	字符型	
物体垂直移动量	数值型	物体的垂直移动量
物体的水平移动量	数值型	物体的水平移动量
下限位	开关型	机械手移动的下限位置控制信号
下移信号	开关型	机械手下移动作控制信号
右手指水平移动量	数值型	机械手右手指的水平移动量
右限位	开关型	机械手移动的右限位置控制信号
右行信号	开关型	机械手的夹右行控制信号
原位	开关型	原位，机械手复位
左手指的水平移动量	数值型	机械手左手指的水平移动量
左限位	开关型	机械手移动的左限位置控制信号
左行信号	开关型	机械手的左行控制信号

图 1-11　机械手监控系统工程所需变量

1.2.2　设备与变量的连接

双击工作台“设备窗口”进入该窗口，单击工具条上的“工具箱”图标，打开“设备工具箱”。单击“设备工具箱”中的“设备管理”按钮。在弹出的设备管理对话框中双击“串口通信父设备”，将可选设备列表中的“PLC设备”下的“三菱 F 上限位 32”加到“设备 0-串口通信父设备”目录下。双击“设备属性窗口”，设置内部属性。

1.2.3　画面的建立

在“用户窗口”中单击“新建窗口”，新建两个窗口。第一个窗口名称改为“控制窗口”，第二个窗口名称改为“机械手监控系统”。右击“用户窗口”，选择下拉列表中的“设置为启动窗口”。

进入控制窗口，在画面上输入文字“欢迎进入 MCGS 监控系统”（见图 1-12）。在其下面添加三个文本框，选中第一个文本框，双击进入“动画组态属性设置”窗口，在输入输出连接栏里选择“显示输出”，显示输出表达式设为“ $ date”，输出类型为字符串输出；第二个文本框显示输出表达式设为“ $ time”；第三个文本框显示输出表达式选择为“问候语”，输出类型为字符型。

插入两个按钮，按钮标题分别为“进入”“退出”，操作属性分别为“打开用户窗口”和“退出运行环境”。

单击“用户窗口属性设置”，选择“启动脚本”，打开脚本程序编辑器，输入：

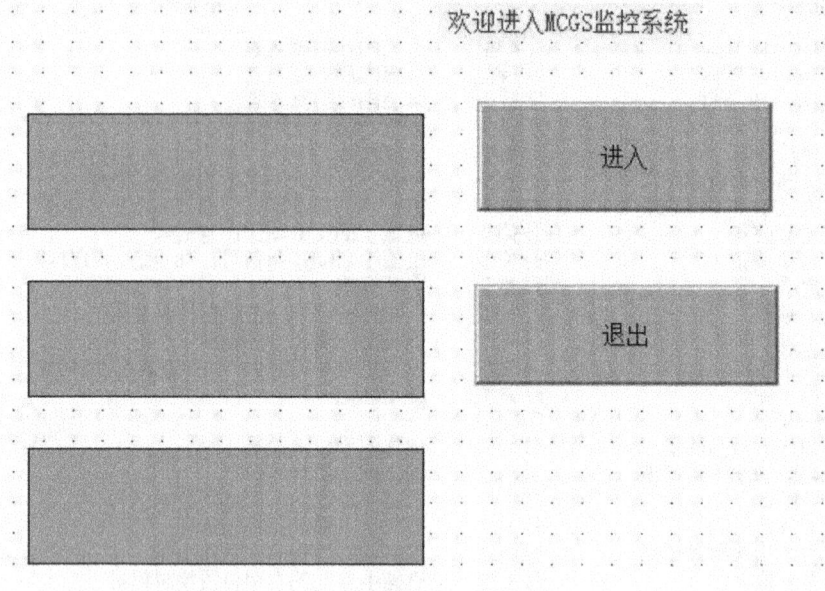

图 1-12　机械手监控系统工程画面的建立

IF $ HOUR> = 0 AND $ HOUR< 6 THEN 问候语= "晚上好！"

IF $ HOUR> = 6 AND $ HOUR< 9 THEN 问候语= "早上好！"

IF $ HOUR> = 9 AND $ HOUR< 11 THEN 问候语= "上午好！"

IF $ HOUR> = 11 AND $ HOUR< 13 THEN 问候语= "中午好！"

IF $ HOUR> = 13 AND $ HOUR< 18 THEN 问候语= "下午好！"

IF $ HOUR> = 18 AND $ HOUR< 24 THEN 问候语= "晚上好！"

得到机械手监控系统工程画面示例，如图 1-13 所示。

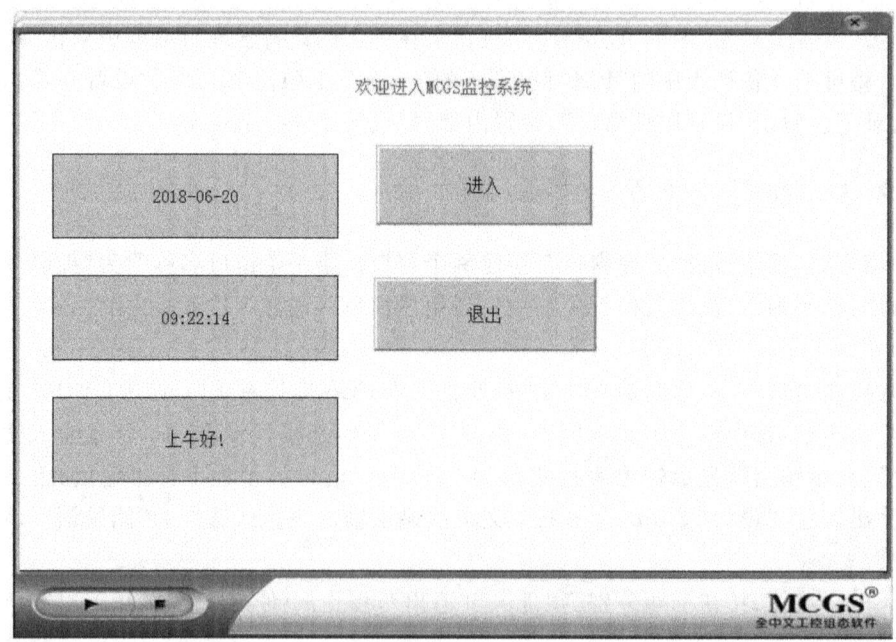

图 1-13　机械手监控系统工程画面示例

打开"机械手监控系统"窗口,绘制如图 1-14 所示画面。

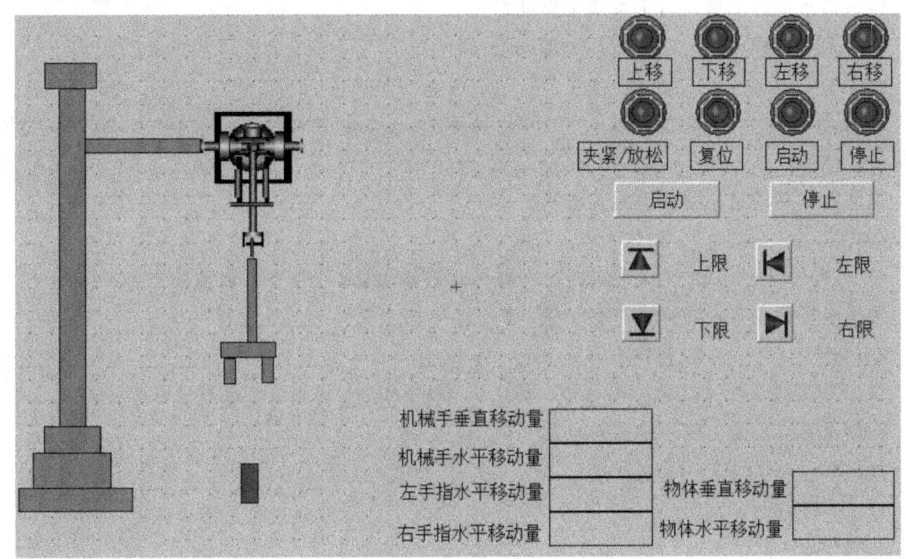

图 1-14　"机械手监控系统"窗口典型画面

接着,打开循环脚本输入框,输入如下程序:

```
IF 下移信号= 1 AND 下限位= 0 AND 机械手垂直移动量< 100 AND 启动标志= 1 THEN
机械手垂直移动量= 机械手垂直移动量+ 2
ENDIF            '下降
IF 上移信号= 1 AND 上限位= 0 AND 机械手垂直移动量> 0 AND 启动标志= 1 THEN
机械手垂直移动量= 机械手垂直移动量- 2
ENDIF            '上升
IF 启动标志= 1 AND 上移信号= 1 AND 夹紧信号= 0 AND 放松计数< = 10 THEN
右手指水平移动量= 右手指水平移动量+ 1
左手指水平移动量= 左手指水平移动量- 1
放松计数= 放松计数+ 1
ENDIF            '空物上升时手放松
IF 右行信号= 1 AND 右限位= 0 AND 右手指水平移动量< 160 AND 启动标志= 1 THEN
右手指水平移动量= 右手指水平移动量+ 2
机械手水平移动量= 机械手水平移动量+ 2
左手指水平移动量= 左手指水平移动量+ 2
ENDIF            '右行
IF 左行信号= 1 AND 左限位= 0 AND 右手指水平移动量> 0 AND 启动标志= 1 THEN
右手指水平移动量= 右手指水平移动量- 2
机械手水平移动量= 机械手水平移动量- 2
左手指水平移动量= 左手指水平移动量- 2
ENDIF            '左行
IF 夹紧信号= 1 AND 右手指水平移动量> = 0 AND 左手指水平移动量< = 0 THEN
右手指水平移动量= 右手指水平移动量- 1
左手指水平移动量= 左手指水平移动量+ 1
ENDIF            '夹紧
```

IF 夹紧信号= 0 AND 右手指水平移动量< = 10 AND 左手指水平移动量> = -10 THEN

右手指水平移动量= 右手指水平移动量+ 1

左手指水平移动量= 左手指水平移动量- 1

ENDIF　　　　　　　'放松

IF 上移信号= 1 AND 上限位= 0 AND 启动标志= 1 AND 物体垂直移动量> -100 AND 物体水平移动量= 0 THEN

物体垂直移动量= 物体垂直移动量- 2

ENDIF　　　　　　　'物体上升

IF 右行信号= 1 AND 右限位= 0 AND 物体水平移动量< 161 AND 启动标志= 1 THEN

物体水平移动量= 物体水平移动量+ 2

ENDIF　　　　　　　'物体右行

IF 下移信号= 1 AND 物体垂直移动量< 0 AND 下限位= 0 AND 启动标志= 1 THEN

物体垂直移动量= 物体垂直移动量+ 2

ENDIF　　　　　　　'物体下行

IF 启动按钮= 1 THEN

启动标志= 1

停止标志= 0

ENDIF　　　　　　　'启动设置

IF 停止按钮= 1 THEN

停止标志= 1

启动标志= 0

ENDIF　　　　　　　'停止设置

IF 原位= 1 THEN

启动标志= 1

停止标志= 0

右手指水平移动量= 0

机械手水平移动量= 0

左手指水平移动量= 0

物体水平移动量= 0

机械手垂直移动量= 0

物体垂直移动量= 0

放松计数= 0

ENDIF　　　　　　　'复位设置

在运行策略的循环策略中选择"属性",将循环时间数值改为 200。

1.2.4　动画连接

1.指示灯的动画连接

双击启动指示灯,单击"动画连接"选项卡,单击"〉"按钮,单击"可见度",在表达式中双击"FLAG00"。当表达式非零时,选择"对应图符可见"。

为了便于识别,在指示灯下方画出一个文本框,双击文本框,在输入输出连接栏里选择按钮动作,按照表 1-1 将按钮对应功能设为数据对象值操作,选择"取反""夹紧信号"。得到的指示灯的动画连接如图 1-15 所示。

表 1-1　指示灯按钮动作设置

标签名	连接表达式
上移	上移信号
下移	下移信号
左移	左行信号
右移	右行信号
夹紧/放松	夹紧信号
复位	原位
启动	启动标志
停止	停止标志

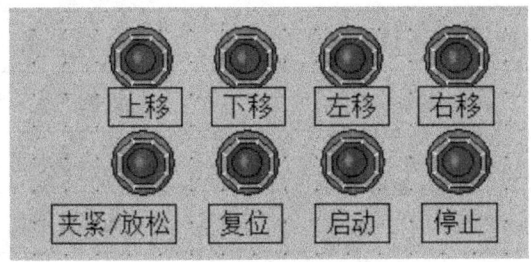

图 1-15　指示灯的动画连接

2. 行程开关的动画连接

右击"行程开关",转换为位图,双击"行程开关",选择按钮动作,按照表 1-2 在操作属性中选择数据对象值操作,选择"取反"。得到的行程开关的动画连接如图 1-16 所示。

表 1-2　行程开关按钮动作设置

标签名	表达式
上限	上限位
下限	下限位
左限	左限位
右限	右限位

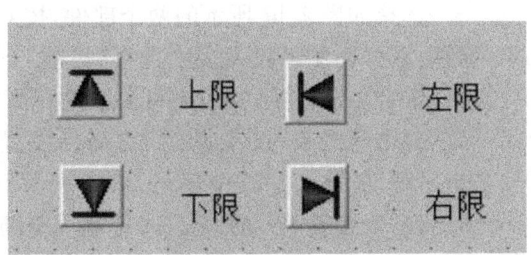

图 1-16　行程开关的动画连接

3.按钮的动画连接

放置两个按钮，一个为启动，一个为停止，按照表1-3设置。双击"启动"按钮，在操作属性中选择数据对象值操作，选择"取反""启动按钮"。

表1-3　按钮设置

按钮名	表达式
启动	启动按钮
停止	停止按钮

4.机械手动画连接

按照表1-4设置机械手动画连接。

表1-4　机械手动画连接设置

部件	位置动画连接	变量名
横滑竿	大小变化	机械手水平移动量
竖滑竿	水平移动	机械手水平移动量
	大小变化	机械手垂直移动量
机械手	水平移动	机械手水平移动量
	垂直移动	机械手垂直移动量
左手指	水平移动	左手指水平移动量
	垂直移动	机械手垂直移动量
右手指	水平移动	右手指水平移动量
	垂直移动	机械手垂直移动量
物体	水平移动	物体水平移动量
	垂直移动	物体垂直移动量

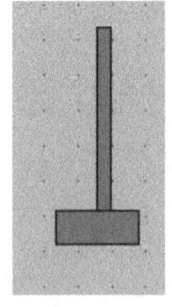

图1-17　两个部件

选择如图1-17所示的两个部件，按Ctrl键选择，然后右击该部件，在弹出的下拉列表中选择"排列"→"构成图符"，将这两个部件组合为竖滑竿，接下来可对其进行属性设置。

双击竖滑竿，在其动画组态属性设置中选择"水平移动"，在"水平移动"的表达式中填入"机械手水平移动量"，如图1-18所示。在"大小变化"的表达式中输入"机械手垂直移动量"，如图1-19所示。

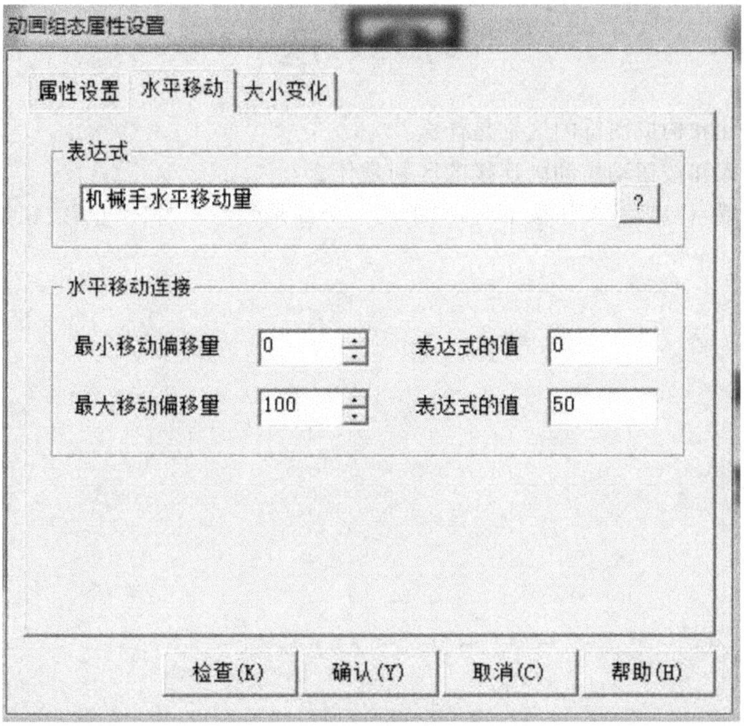

动画组态属性设置

属性设置 | 水平移动 | 大小变化

表达式

机械手水平移动里　　　　　　　　　　　　　　　?

水平移动连接

最小移动偏移里　　0　　　　表达式的值　0

最大移动偏移里　　100　　　表达式的值　50

检查(K)　　确认(Y)　　取消(C)　　帮助(H)

图 1-18　设置"水平移动"

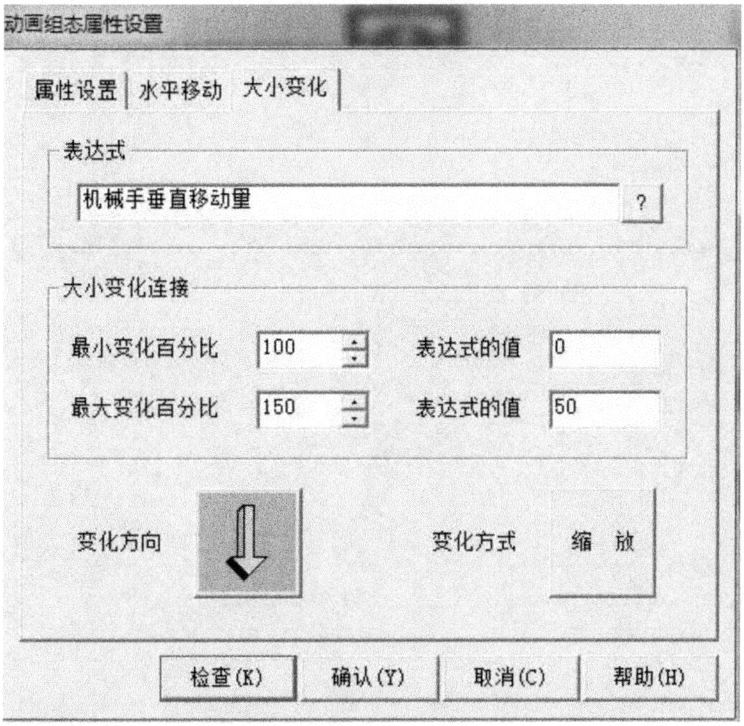

动画组态属性设置

属性设置 | 水平移动 | 大小变化

表达式

机械手垂直移动里　　　　　　　　　　　　　　　?

大小变化连接

最小变化百分比　　100　　　表达式的值　0

最大变化百分比　　150　　　表达式的值　50

变化方向　　↓　　　　变化方式　　缩　放

检查(K)　　确认(Y)　　取消(C)　　帮助(H)

图 1-19　设置"大小变化"

习　题

1.合成单元和构成图符的区别是什么？

2.按钮输入和按钮动作动画连接的区别是什么？

3.如何设置当"启动"按钮按下时,图中的一个圆是红色？当"停止"按钮按下时,图中一个圆是绿色？

第 2 章 水位控制系统设计与实现

1. 教学内容

（1）根据控制要求，设计储液罐水位控制系统的画面。

（2）用 MCGS 组态软件进行画面制作和程序编写。

2. 教学重点

（1）掌握 MCGS 通用版组态软件的基本操作，完成工程分析及变量定义。

（2）掌握简单界面设计，完成数据对象定义、动画连接。

（3）掌握模拟设备连接方法，完成脚本程序编写。

（4）掌握报警方法，制作工程报表。

3. 教学难点

（1）在 MCGS 中建立组变量。

（2）设置变量的报警属性和存盘属性。

（3）创建实时报警窗口和历史报警窗口。

（4）创建实时和历史曲线。

2.1 工程和实时数据库的建立

本章通过介绍一个水位控制系统的组态过程，详细讲解如何应用 MCGS 组态软件完成一个工程的建立。本工程样例（储液罐水位监控系统）界面如图 2-1 所示，涉及动画制作、控制流程的编写、模拟设备的连接、报警输出、报表曲线显示等多项组态操作。

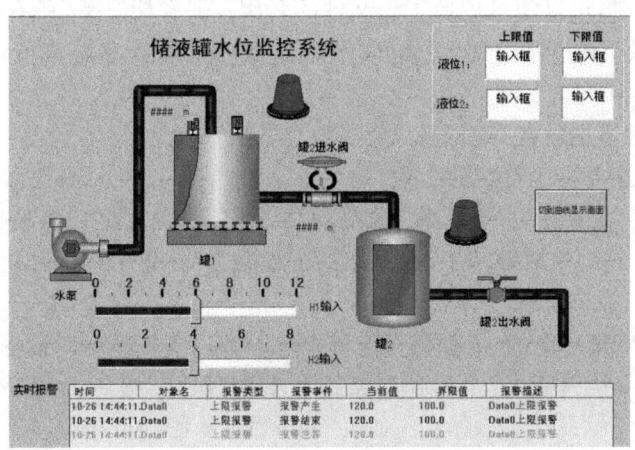

图 2-1 储液罐水位监控系统界面

2.1.1　建立工程

MCGS中用"工程"来表示组态生成的应用系统,创建一个新工程就是创建一个新的用户应用系统,打开工程就是打开一个已经存在的应用系统。工程文件的命名规则和Windows系统相同,MCGS自动给工程文件名加上后缀".MCG"。每个工程都对应一个组态结果数据库文件。

在Windows系统桌面上,通过以下三种方式中的任一种,都可以进入MCGS组态环境:

(1) 双击Windows桌面上的"MCGS组态环境"图标;

(2) 单击"开始"→"程序"→"MCGS组态软件"→"MCGS组态环境";

(3) 按快捷键Ctrl + Alt + G。

如图2-2所示,MCGS用"工作台"窗口来管理构成用户应用系统的五个部分,工作台上的五个选项卡——主控窗口、设备窗口、用户窗口、实时数据库和运行策略,对应于五个不同的窗口页面,每一个页面负责管理用户应用系统的一个部分,单击不同的选项卡可选择不同的窗口页面,对应用系统的相应部分进行组态操作。

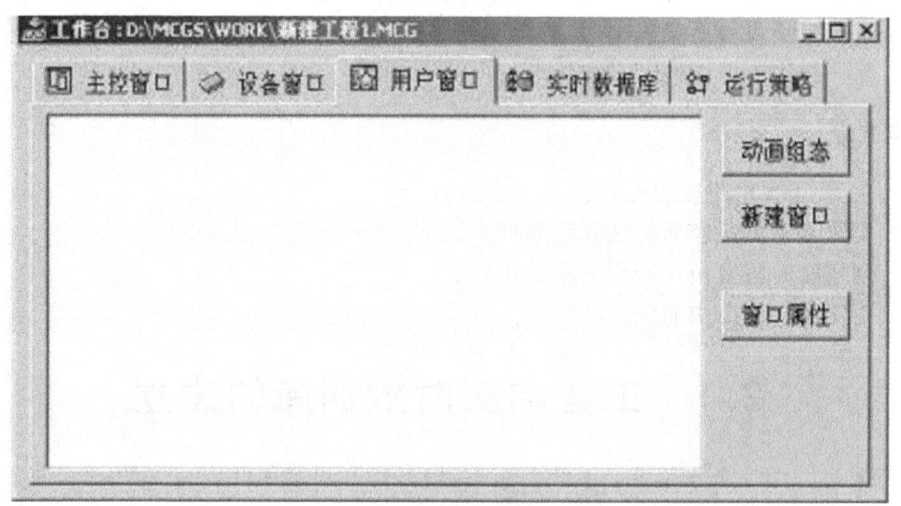

图2-2　MCGS的工作台上的五个选项卡

在保存新工程时,可以随意更换工程文件的名称。缺省情况下,所有的工程文件都存放在MCGS安装目录下的Work子目录里,用户也可以根据自身需要指定存放工程文件的目录。

注意:工程文件不能放在桌面上。

可按如下步骤建立一个特定的工程。

(1) 单击"文件"菜单中"新建工程"选项,如果MCGS安装在D盘根目录下,则会在"D:\MCGS\Work\"下自动生成新建工程,默认的工程名为"新建工程X.MCG"(X表示新建工程的顺序号,如:0、1、2等)。

(2) 选择"文件"菜单中的"工程另存为"菜单项,弹出文件保存对话框。

(3) 在文件名一栏内输入"水位控制系统",单击"保存"按钮,如图2-3所示,工程创建完毕。

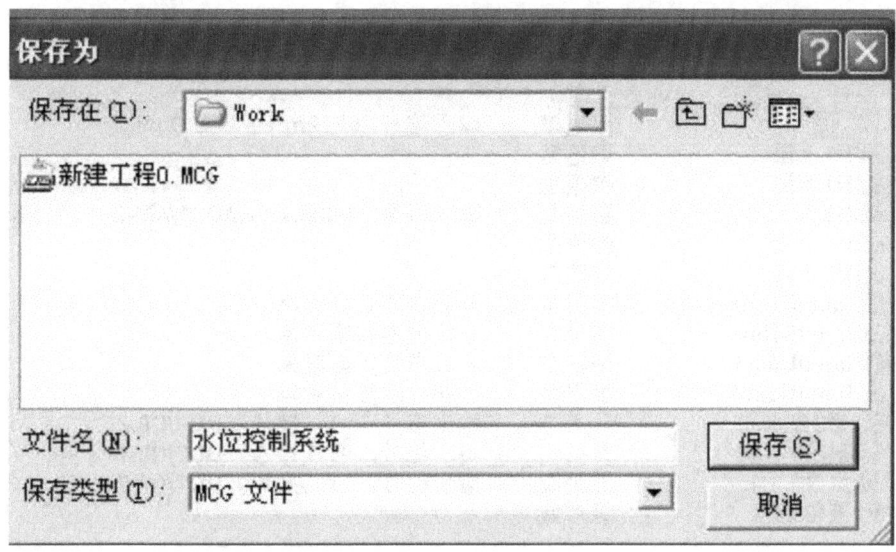

图 2-3　保存文件

2.1.2　实时数据库的建立

对于新建工程，窗口中显示系统内建的四个字符型数据对象，分别是 InputETime、In-putSTime、InputUser1 和 InputUser2。对于新建工程，首次定义的数据对象，缺省名称为 Data1，数值型。

需要注意的是，数据对象的名称中不能带有空格，否则会影响对此数据对象存盘数据的读取。在 MCGS 工程中，数据对象有开关型、数值型、字符型、事件型和组对象五种类型。不同类型的数据对象，属性不同，用途也不同。

单击工作台 ，有五个选项卡：主控窗口、设备窗口、用户窗口、实时数据库和运行策略。

定义数据对象需单击实时数据库，绘制画面在用户窗口，设备连接在设备窗口，脚本程序或定时器等策略在运行策略中，菜单的建立和安全密码设置在主控窗口。

实时数据库是 MCGS 工程的数据交换和数据处理中心。数据对象是构成实时数据库的基本单元，建立实时数据库的过程也就是定义数据对象的过程。

（1）定义数据对象的内容主要包括：指定数据对象的名称、类型、初始值和数值范围；确定与数据对象存盘相关的参数，如存盘的周期、存盘的时间范围和保存期限等。

（2）数据对象列表。

在开始定义之前，应先对所有数据对象进行分析。在本工程中需要用到以下数据对象，如图 2-4 所示。

（3）定义数据对象步骤。

以数据对象"水泵"为例，介绍一下定义数据对象的步骤。

① 单击工作台中的"实时数据库"选项卡，进入实时数据库窗口。

② 单击"新增对象"按钮，在窗口的数据对象列表中，增加新的数据对象，系统缺省定义的名称为"Data1""Data2""Data3"等（多次单击该按钮，则可增加多个数据对象）。

③ 选择对象，单击"对象属性"按钮，或双击所选对象，则弹出"数据对象属性设置"对话框。

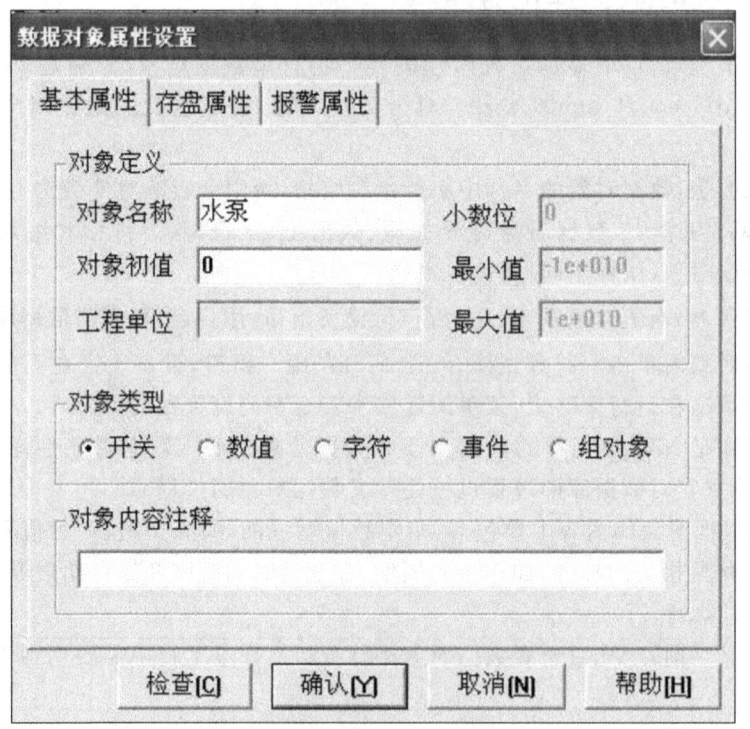

名字	类型	注释
H1	数值型	输入信号，0-12m,1-5V,ADS0/AI...
H1上限	数值型	
H1下限	数值型	
H2	数值型	输入信号，0-8m,1-5V,ADS1/AIW2
H2上限	数值型	
H2下限	数值型	
InputETime	字符型	系统内建数据对象
InputSTime	字符型	系统内建数据对象
InputUser1	字符型	系统内建数据对象
InputUser2	字符型	系统内建数据对象
罐2出水阀	开关型	输出信号，=1，接通，DO4/Q0.2
罐2进水阀	开关型	输出信号，=1，接通，DO2/Q0.1
水泵	开关型	输出信号，=1，接通，DO1/Q0.0
液位组	组对象	

主控窗口　设备窗口　用户窗口　实时数据库　运行策略

图 2-4　数据对象定义

④ 将对象名称改为"水泵"，对象类型选择"开关"型，单击"确认"按钮，如图 2-5 所示。

图 2-5　定义数据对象

按照步骤①～④，根据图 2-4 所示列表，定义其他数据对象。

（4）定义组对象。

定义组对象与定义数据对象略有不同，需要对组对象成员进行选择，步骤如下。

① 在数据对象列表中，双击"液位组"，弹出"数据对象属性设置"对话框。

② 选择"组对象成员"选项卡，在左边的"数据对象列表"中选择"H1"，单击"增加"按钮，

则数据对象"H1"被添加到右边的"组对象成员列表"中,如图 2-6 所示。按照同样的方法将"H2"添加到组对象成员中。

图 2-6 定义组对象成员

③ 单击"存盘属性"选项卡,在"数据对象值的存盘"选择框中,选择定时存盘,并将存盘周期设为 5 秒,如图 2-7 所示。

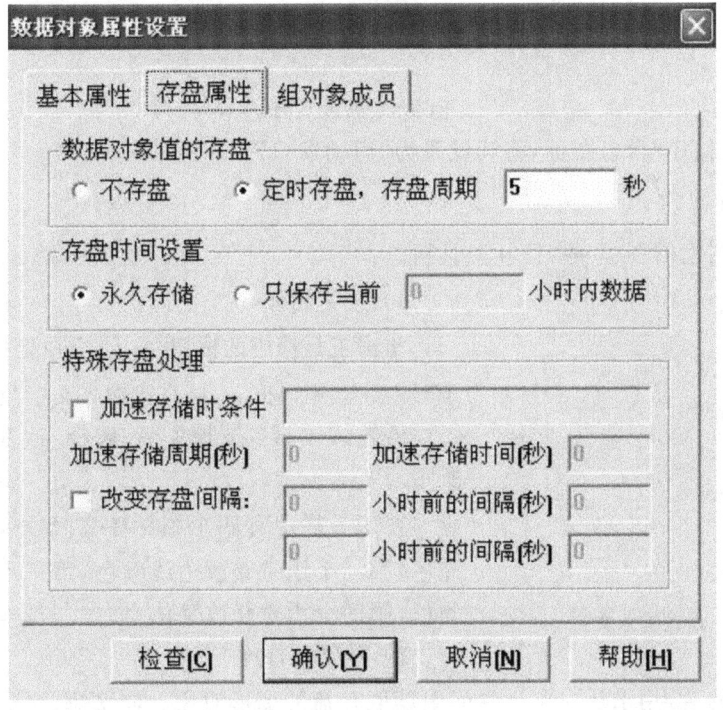

图 2-7 存盘属性设置

④ 单击"确认"按钮,组对象设置完毕。

2.2 画 面 绘 制

1.新建画面

在工作台上选择用户窗口,单击右侧"新建窗口"按钮,产生新建的"窗口 0"。

选择"窗口 0",单击"窗口属性",将窗口名称改为"水位监控",窗口位置为"最大化显示",窗口背景选白色,如图 2-8 所示,单击"确认"按钮。

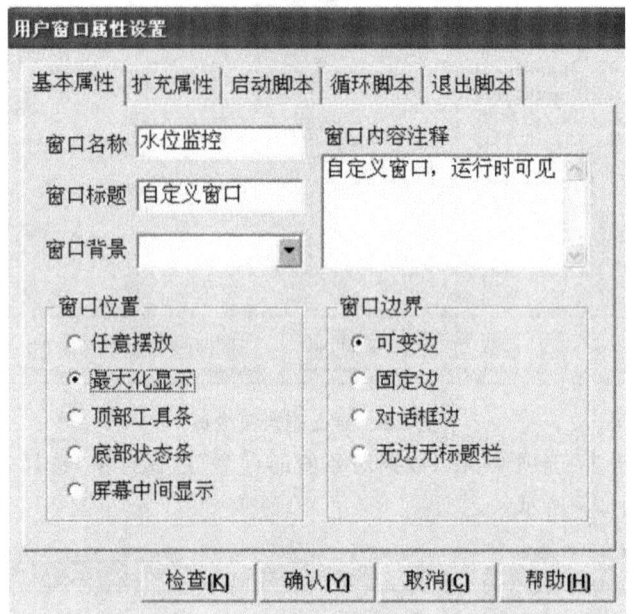

图 2-8 新建画面

右击"水位监控"窗口图标,将其设置为"启动窗口"。

2.工具箱的使用

单击工具栏上的图标 ✖,打开工具箱。

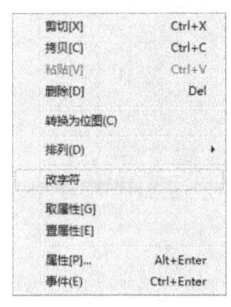

图 2-9 修改输入文字

1) 文字制作

单击工具箱中的按钮 **A**,在空白处拉出一定大小的矩形。建立矩形框后,可直接输入文字"水位控制系统"。

若输入错误,右击文字,选择"改字符",如图 2-9 所示。

在工具栏上有四个图标,第一个用来填充色,第二个用来修改边线颜色,第三个用来修改字的颜色,第四个用来修改字体。

2) 对象元件库

工具箱中的 用于从对象元件库中读取存盘的图形对象。储藏罐、泵、阀、指示灯都是在这里直接调用(见图 2-10)。此工程中选择罐 17,泵 40,阀 58,罐 53,阀 44。

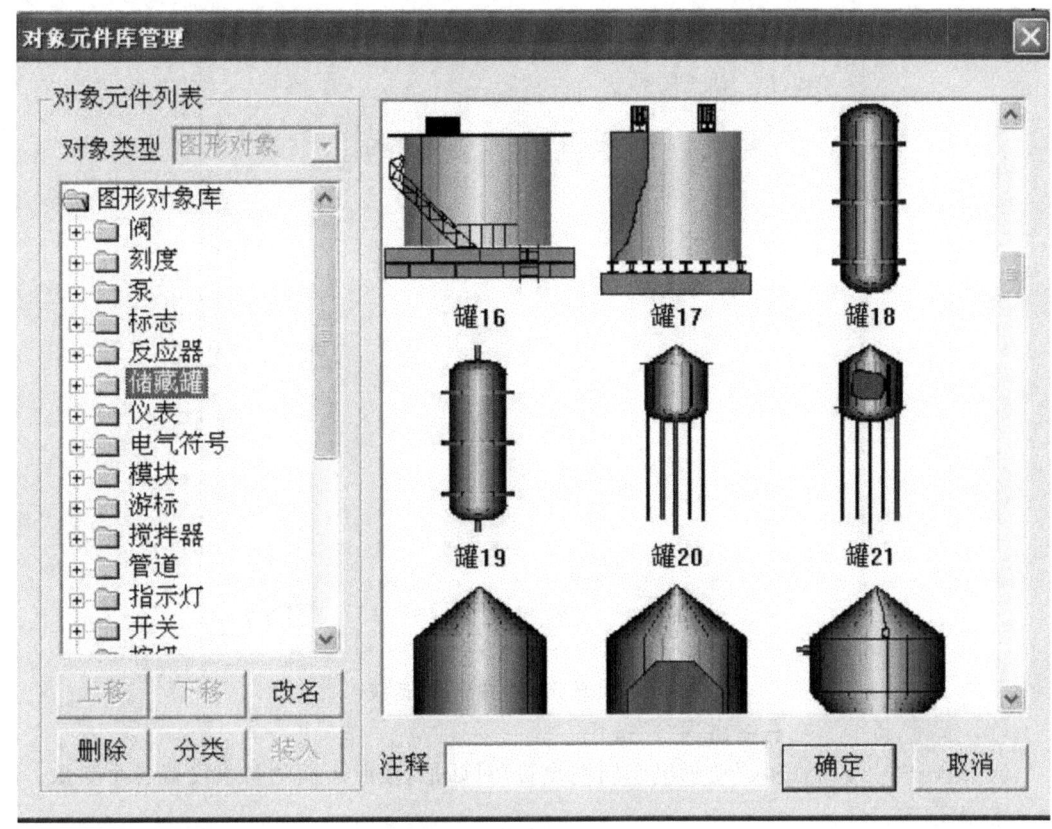

图 2-10　对象元件库

3）流动块制作

绘制水管，使用工具箱中的 ▯▭（表示流动块）。移动鼠标到预定位置，按下鼠标左键，移动鼠标，拖动一定距离后，双击鼠标左键，结束绘制。若需要转角，可以在转角处点一下，继续拖动一定距离，再双击鼠标左键，结束绘制。

2.3　动　画　连　接

由图形对象搭制而成的图形画面是静止不动的，需要对这些图形对象进行动画设计，真实地描述外界对象的状态变化，达到对过程实时监控的目的。MCGS 组态软件实现图形动画设计的主要方法是将用户窗口中图形对象与实时数据库中的数据对象建立相关性连接，并设置相应的动画属性。在系统运行过程中，图形对象的外观和状态特征，由数据对象的实时采集值驱动，从而实现了图形的动画效果。

需要制作动画效果的部分包括：水箱中水位的升降，水泵、阀门的启停，流动块的移动。

1．水位的动画连接

水位升降效果是通过设置数据对象"大小变化"连接类型实现的。

具体设置步骤如下。

（1）在用户窗口中，双击"水罐 1"，弹出"单元属性设置"对话框。

（2）单击"动画连接"选项卡，显示如图 2-11 所示对话框。

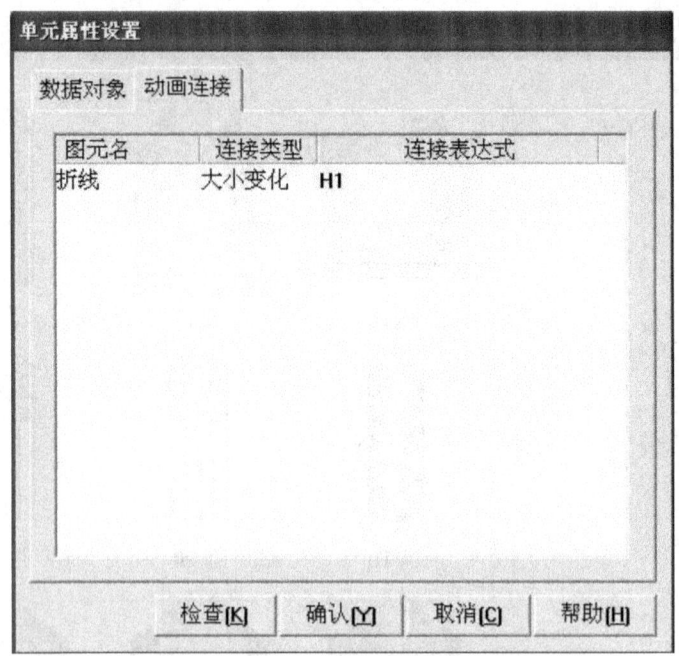

图 2-11 "单元属性设置"对话框

（3）选择"折线"，在右端出现"〉"按钮。

（4）单击"〉"按钮，进入"动画组态属性设置"对话框，按照下面的要求设置各个参数。

① 表达式：H1。

② 最大变化百分比对应的表达式的值：12。

③ 其他参数不变，如图 2-12 所示。

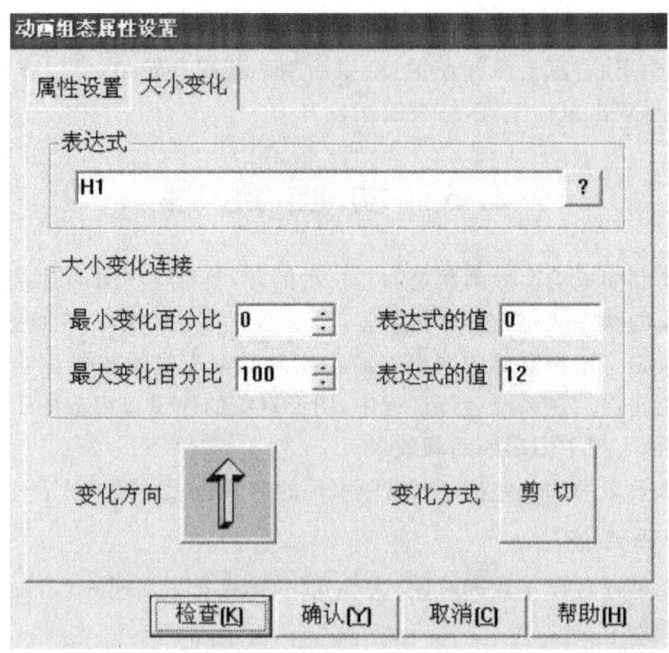

图 2-12 设置"大小变化"

（5）单击"确认"按钮，水罐 1 水位升降效果制作完毕。

水罐 2 水位升降效果的制作同理。单击"〉"按钮，弹出"动画组态属性设置"对话框，按照下面的要求进行参数设置。

① 表达式：H2。

② 最大变化百分比对应的表达式的值：8。

③ 其他参数不变，如图 2-13 所示。

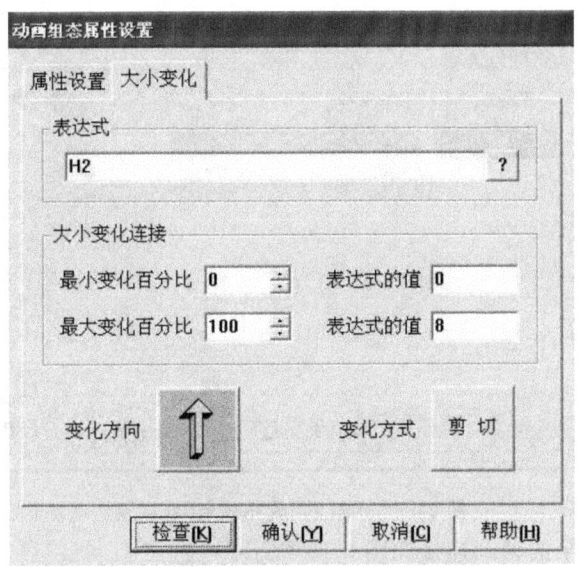

图 2-13　水罐 2 的动画组态属性设置

2. 水泵、阀的动画连接

1）水泵的动画连接

双击"水泵"，弹出"动画组态属性设置"对话框，单击"按钮动作"选项卡，按图 2-14 设置。

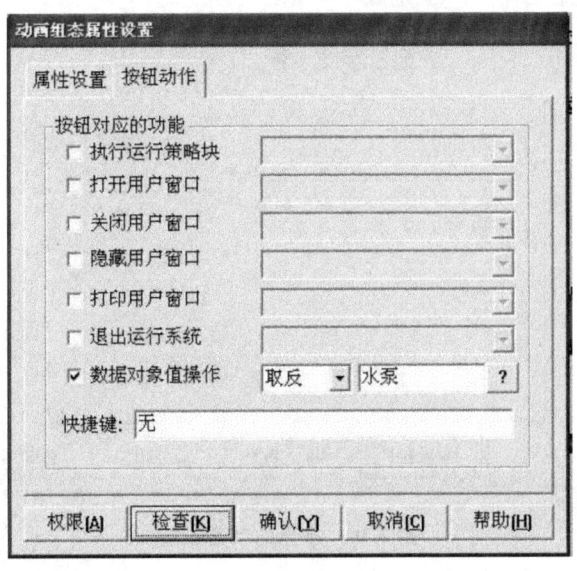

图 2-14　水泵的"按钮动作"的设置

按图 2-15 设置"填充颜色"。

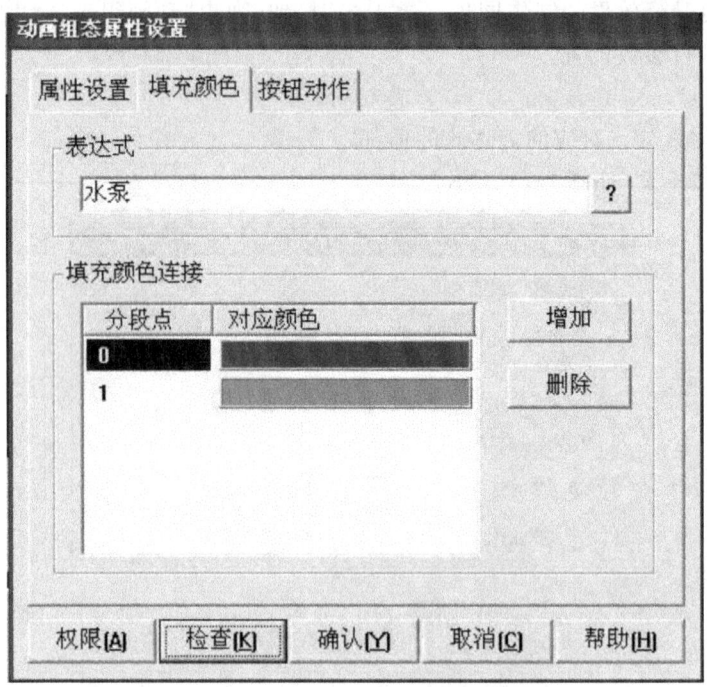

图 2-15   水泵的"填充颜色"的设置

设置完成后的水泵的动画连接如图 2-16 所示。

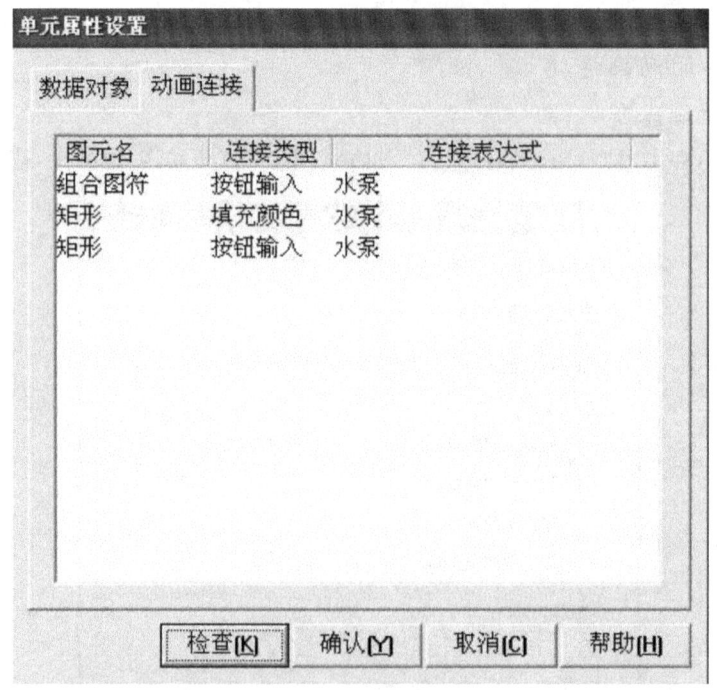

图 2-16   水泵的动画连接

2）进水阀的动画连接

双击"进水阀"，弹出"动画组态属性设置"对话框，单击"按钮动作"选项卡，按图 2-17 设置。

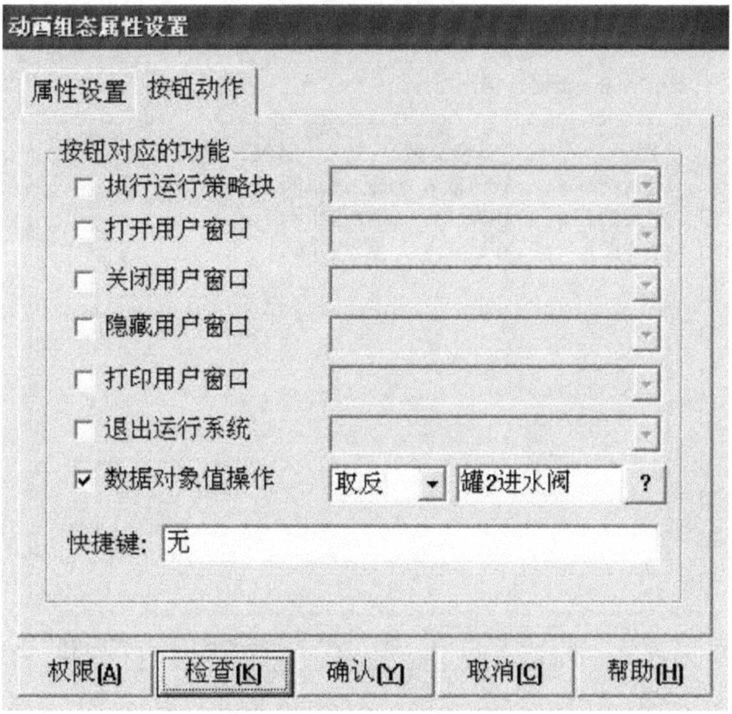

图 2-17　进水阀的"按钮动作"的设置

选择"填充颜色"，按图 2-18 设置。

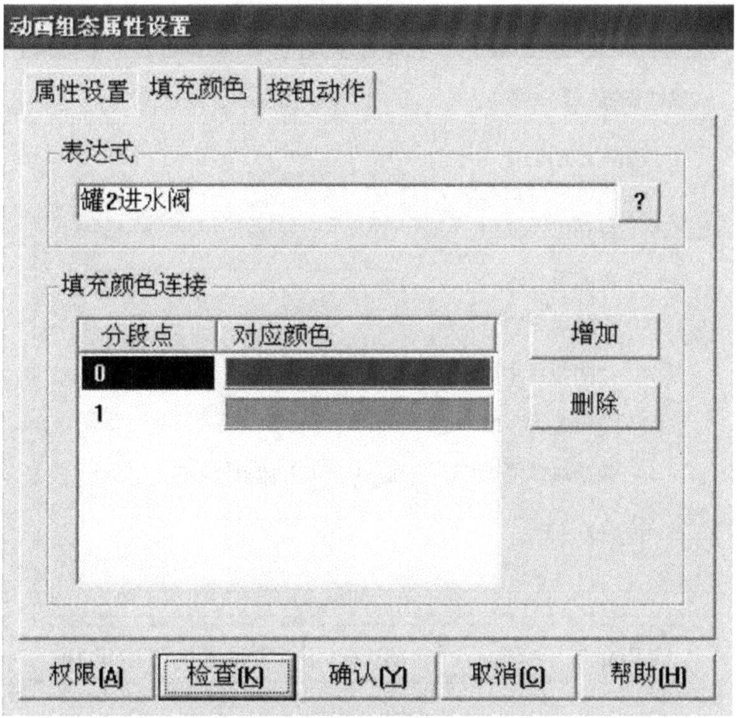

图 2-18　进水阀的"填充颜色"的设置

设置完成后的进水阀的动画连接如图 2-19 所示。

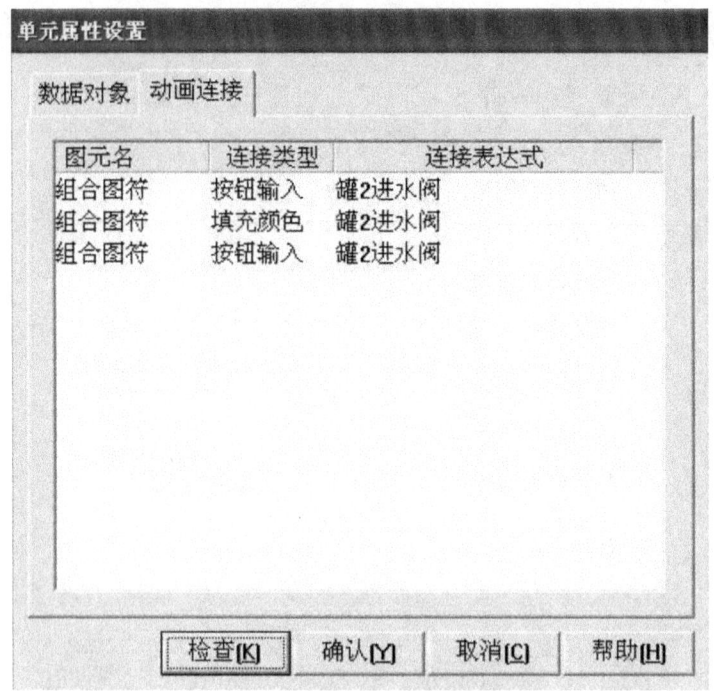

图 2-19 进水阀的动画连接

3）出水阀的动画连接

双击"出水阀"，弹出"动画组态属性设置"对话框，单击"按钮动作"选项卡，按图 2-20 设置。

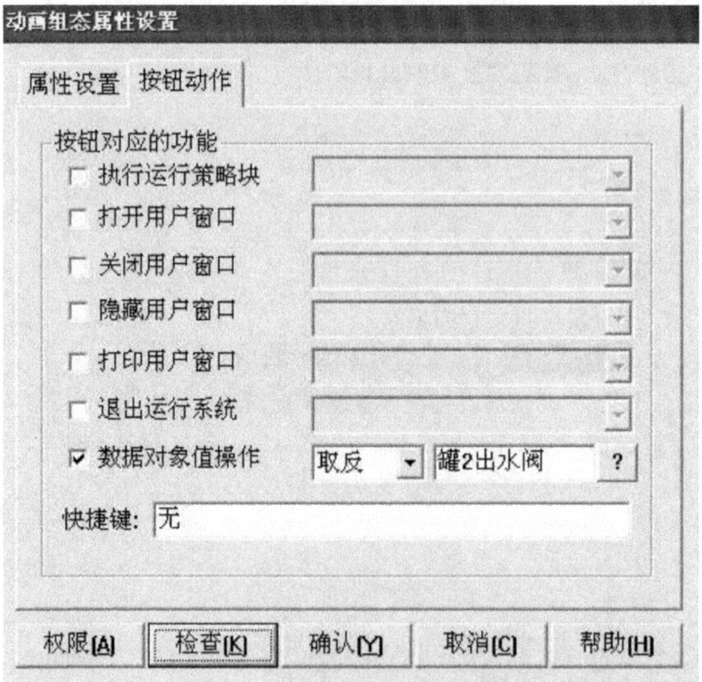

图 2-20 出水阀的"按钮动作"的设置

选择"可见度"，按图 2-21 设置。

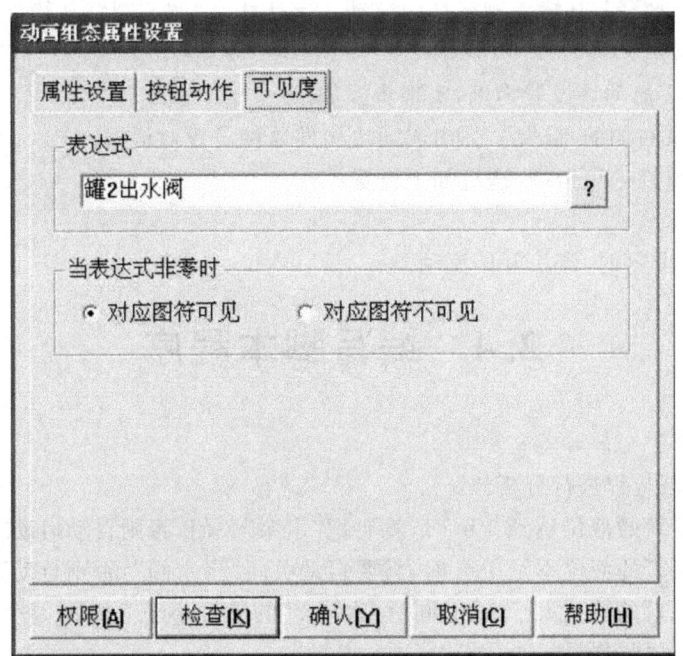

图 2-21　出水阀的"可见度"的设置

当静态颜色是绿色时,可见度表达式是"罐 2 出水阀",且"对应图符可见";当静态颜色是红色时,可见度选择"对应图符不可见"。

设置完成后的出水阀的动画连接如图 2-22 所示。

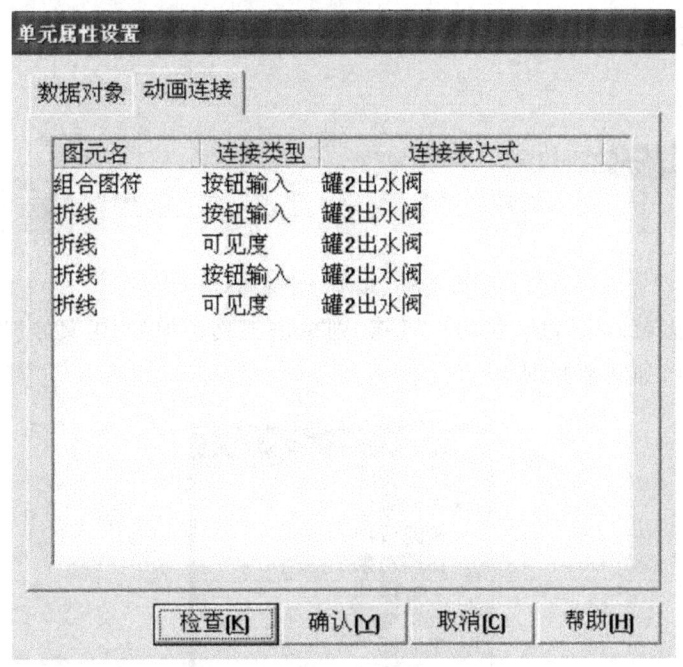

图 2-22　出水阀的动画连接

3.流动块的动画连接

水流效果是通过设置流动块构件的属性实现的。流动块分成三部分,从水泵到罐 1 的流动块表达式是"水泵",从罐1到罐2的流动块表达式是"调节阀",从罐2到出水的流动块表达式是"出水阀"。

以"水泵"这段流动块设置为例,实现步骤如下。

(1)双击水泵右侧的流动块,弹出流动块构件属性设置对话框。

(2)在流动属性选项卡中,进行如下设置。

① 表达式:水泵。

② 当表达式非零时,流块开始流动。

2.4　编写脚本程序

1.控制要求

下面先对控制流程进行分析:

(1)当"水罐1"的液位达到9 m时,就要把"水泵"关闭,否则自动启动"水泵";

(2)当"水罐2"的液位不足1 m时,就要自动关闭"出水阀",否则自动开启"出水阀";

(3)当"水罐1"的液位大于1 m,同时"水罐2"的液位小于6 m时,就要自动开启"调节阀",否则自动关闭"调节阀"。

2.策略组态

(1)在"运行策略"中,双击"循环策略",弹出策略组态窗口。

(2)双击图标 ，弹出"策略属性设置"对话框,将循环时间设为200 ms,单击"确认"按钮。

(3)在策略组态窗口中,单击工具条中的"新增策略行"图标 ，增加一个策略行,如图2-23所示。

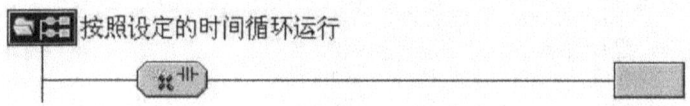

图 2-23　增加一个策略行

如果策略组态窗口中,没有策略工具箱,则单击工具条中的"工具箱"图标 ，弹出"策略工具箱"对话框,如图2-24所示。

图 2-24　"策略工具箱"对话框

（4）单击"策略工具箱"中的"脚本程序"，将鼠标指针移到策略块图标上，单击鼠标左键，添加脚本程序构件，如图 2-25 所示。

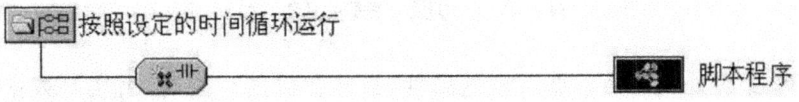

图 2-25　添加脚本程序构件

（5）双击 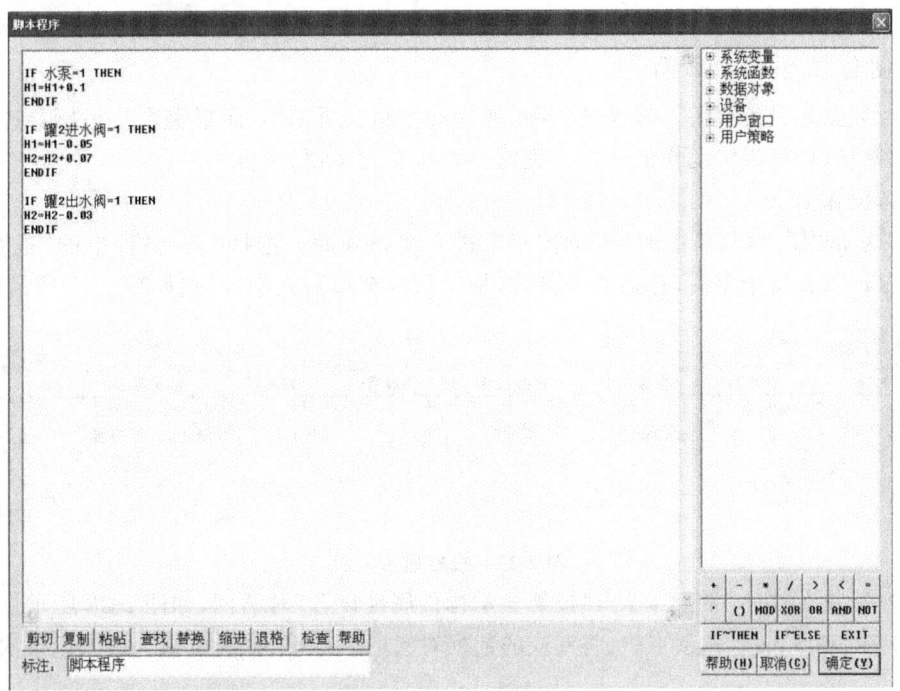，进入脚本程序编辑环境，输入下面的程序：

```
IF 液位 1< 9 THEN
水泵= 1
ELSE
水泵= 0
ENDIF
IF 液位 2< 1 THEN
出水阀= 0
ELSE
出水阀= 1
ENDIF
IF 液位 1> 1 and　液位 2< 9 THEN
调节阀= 1
ELSE
调节阀= 0
ENDIF
```

输入完成后的界面如图 2-26 所示。

图 2-26　输入的脚本程序

(6) 单击"确定"按钮,脚本程序编写完毕。

2.5 报 警 显 示

MCGS将报警处理作为数据对象的属性,封装在数据对象内,由实时数据库来自动处理。当数据对象的值或状态发生改变时,实时数据库判断对应的数据对象是否发生了报警或已产生的报警是否已经结束,并将所产生的报警信息通知给系统的其他部分,同时,实时数据库根据组态设定,将报警信息存入指定的存盘数据库文件中。

1.定义报警

需设置报警的数据对象包括:

(1) 液位1;

(2) 液位2。

定义报警的具体操作如下。

(1) 进入"实时数据库",双击数据对象"液位1"。

(2) 选择"报警属性"标签。

(3) 选择"允许进行报警处理",报警设置域被激活。

(4) 选择报警设置域中的"下限报警",报警值设为2;报警注释中输入"水罐1没水了!"。

(5) 选择"上限报警",报警值设为9;报警注释中输入"水罐1的水已达上限值!"。

(6) 单击"存盘属性"标签,选择报警数据的存盘域中的"自动保存产生的报警信息"。

(7) 单击"确认"按钮,"液位1"报警设置完毕。

(8) 同理设置"液位2"的报警属性。需要改动的设置如下。

① 下限报警:报警值设为1.5;报警注释中输入"水罐2没水了!"。

② 上限报警:报警值设为4;报警注释中输入"水罐2的水已达上限值!"。

2.制作报警显示画面

实时数据库只负责关于报警的判断、通知和存储三项工作,而报警产生后所要进行的其他处理、操作(即对报警动作的响应),则需要在组态时实现。

具体操作如下。

(1) 双击"用户窗口"中的"水位控制",进入组态画面。选择"工具箱"中的"报警显示"构件。鼠标指针呈十字后,在适当的位置,拖动鼠标至适当大小,得到如图2-27所示画面。

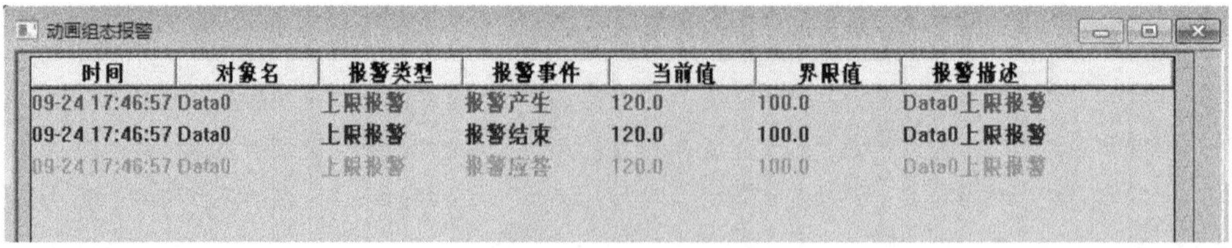

时间	对象名	报警类型	报警事件	当前值	界限值	报警描述
09-24 17:46:57	Data0	上限报警	报警产生	120.0	100.0	Data0上限报警
09-24 17:46:57	Data0	上限报警	报警结束	120.0	100.0	Data0上限报警
09-24 17:46:57	Data0	上限报警	报警应答	120.0	100.0	Data0上限报警

图 2-27 报警显示画面

(2) 双击该画面空白区,弹出"报警显示构件属性设置"对话框,如图2-28所示。

(3) 在"基本属性"选项卡中,将对应的数据对象的名称设为"液位组",最大记录次数设为"6"。

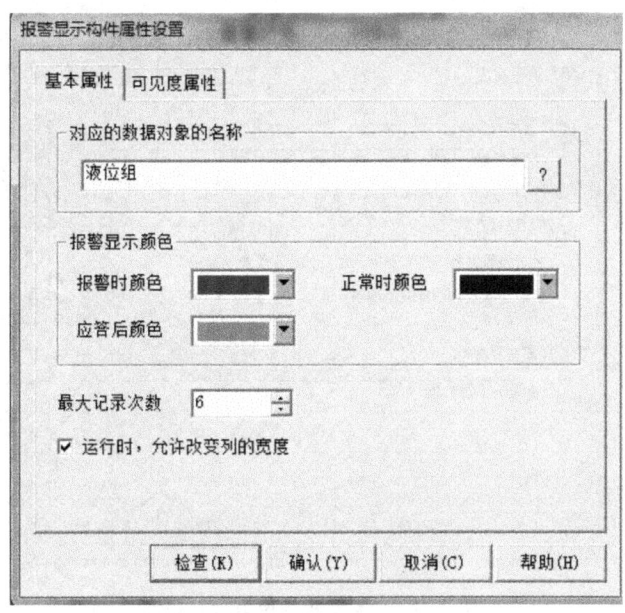

图 2-28 "报警显示构建属性设置"对话框

(4) 单击"确认"按钮即可。

3. 报警数据浏览

由于在对数据对象进行报警定义时,已经选择报警产生时"自动保存产生的报警信息",因此可以使用"报警浏览"构件(见图 2-29),浏览数据库中保存下来的报警信息。

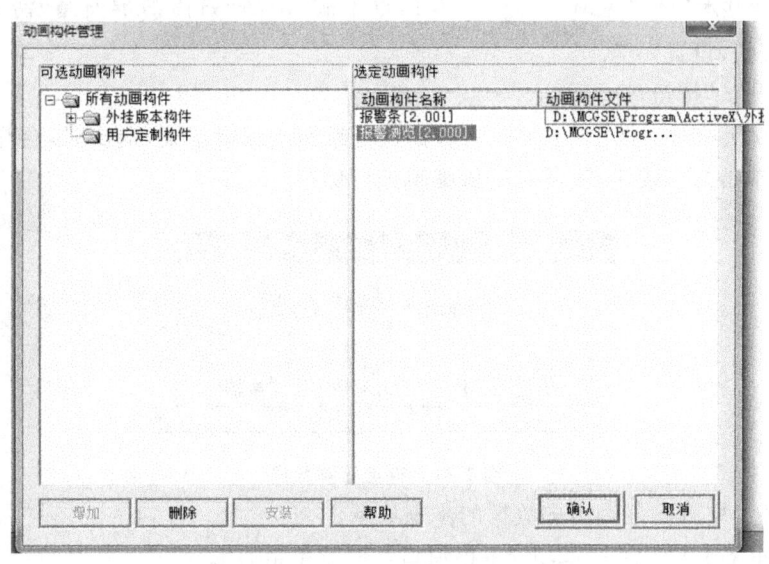

图 2-29 选定"报警浏览"构件

具体操作如下。

(1) 在"运行策略"窗口中,单击"新建策略",弹出"选择策略的类型"对话框。

(2) 选择"用户策略",单击"确定"按钮。

(3) 选择"策略 1",单击"策略属性"按钮,弹出"策略属性设置"对话框。在"策略名称"输入框中输入"报警数据";在"策略内容注释"输入框中输入"水罐的报警数据",如图 2-30 所示。

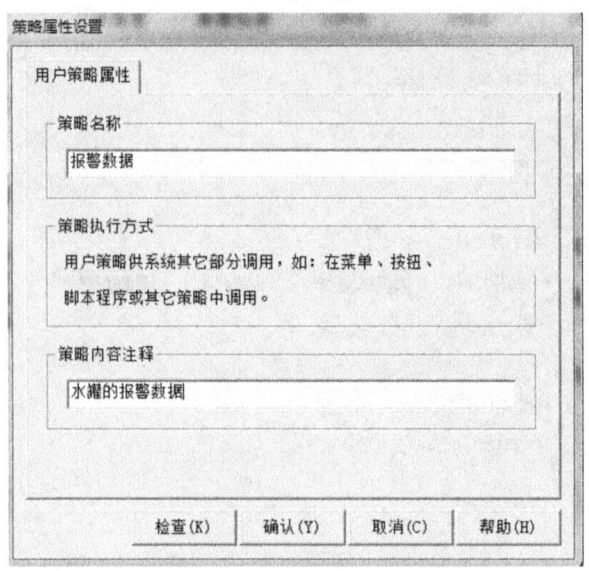

图 2-30 "策略属性设置"对话框

（4）单击"确认"按钮。

（5）双击"报警数据"策略，弹出策略组态窗口。

（6）单击工具条中的"新增策略行"图标，新增加一个策略行。

（7）从"策略工具箱"中选择"报警浏览"，加到策略行上。

（8）双击该图标，弹出"报警信息浏览构件属性设置"对话框。

（9）单击"基本属性"选项卡，将"报警信息来源"中的"对应数据对象"改为"液位组"。单击"确认"按钮，设置完毕。

可单击"测试"按钮，进行预览。

在图 2-30 所示对话框中，也可以对数据进行编辑。编辑结束，退出时，会弹出如图 2-31 所示对话框，单击"是"按钮，就可对所做编辑进行保存。

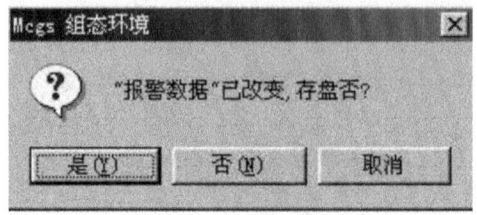

图 2-31 存盘报警数据

在运行环境中查看报警历史数据的步骤如下。

（1）在 MCGS 工作台上，单击"主控窗口"→"菜单组态"。

（2）单击工具条中的"新增菜单项"图标，会产生"操作 0"菜单。

（3）双击"操作 0"菜单，弹出"菜单属性设置"对话框，进行如下设置：

① 在"菜单属性"选项卡中，将菜单名改为"报警数据"；

② 在"菜单操作"选项卡中，选择"执行运行策略块"，并从下拉列表中选择"报警数据"。

（4）单击"确认"按钮，设置完毕。

按 F5 键进入运行环境，就可以单击菜单"报警数据"从而查看报警历史数据。

4. 修改报警限值

在"实时数据库"中,对"液位 1""液位 2"的上下限报警值都是已定义好的,如果用户想在运行环境下根据实际情况需要随时改变上下限报警值,又如何实现呢? MCGS 组态软件提供了大量的函数,用户可以根据需要灵活运用。

操作步骤包括以下几个部分。

1) 设置数据对象

在"实时数据库"中,增加四个变量,分别为液位 1 上限、液位 1 下限、液位 2 上限、液位 2 下限,参数设置如下:

(1) "基本属性"选项卡中,对象名称分别为液位 1 上限、液位 1 下限、液位 2 上限、液位 2 下限,对象内容注释分别为水罐 1 的上限报警值、水罐 1 的下限报警值、水罐 2 的上限报警值、水罐 2 的下限报警值,对象初值分别为液位 1 的上限=9、液位 1 的下限=2、液位 2 的上限=4、液位 2 的下限=1.5;

(2) "存盘属性"选项卡中,选择"退出时,自动保存数据对象当前值为初始值"。

2) 制作交互界面

下面通过对四个输入框进行设置,实现用户与数据库的交互。

需要用到的构件包括:4 个标签,用于标注;4 个输入框,用于输入修改值。

最终效果图如图 2-32 所示。

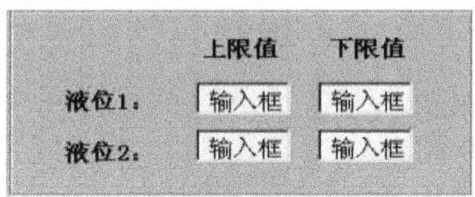

图 2-32　交互界面最终效果图

具体制作步骤如下。

(1) 在"水位控制"对话框中,根据前面介绍的知识,按照图 2-32 制作 4 个标签。

(2) 选择"工具箱"中的"输入框"构件,拖动鼠标,绘制 4 个输入框。

(3) 双击"输入框"图标,进行属性设置。这里只需设置操作属性即可。4 个输入框具体设置如下:

① 对应数据对象的名称分别为液位 1 上限值、液位 1 下限值、液位 2 上限值、液位 2 下限值;

② 最小值、最大值分别按表 2-1 设置。

表 2-1　最大值、最小值设置

数据对象	最小值	最大值
液位 1 上限	5	10
液位 1 下限	0	5
液位 2 上限	4	6
液位 2 下限	0	2

（4）用凹槽平面制作一平面区域,将 4 个输入框及标签包围起来。

3）编写控制流程

进入"运行策略"对话框,双击"循环策略",进入脚本程序编辑环境,在脚本程序中增加以下语句:

```
! SetAlmValue(液位 1,液位 1 上限,3)
! SetAlmValue(液位 1,液位 1 下限,2)
! SetAlmValue(液位 2,液位 2 上限,3)
! SetAlmValue(液位 2,液位 2 下限,2)
```

对于上述语句中的函数:! SetAlmValue(DatName,Value,Flag),有如下介绍。

（1）函数意义:设置数据对象 DatName 对应的报警限值,只有在数据对象 DatName"允许进行报警处理"的属性被选择后,本函数的操作才有意义。对组对象、字符型数据对象、事件型数据对象,本函数无效。对数值型数据对象,用 Flag 来标识改变何种报警限值。

（2）返回值:数值型。返回值＝0,调用正常;返回值＞0 或返回值＜0:调用不正常。

（3）参数:DatName,数据对象名。

（4）Value:新的报警值,数值型。

（5）Flag:数值型,标志要操作何种限值。其具体意义如下:

Flag＝1,下下限报警值;

Flag＝2,下限报警值;

Flag＝3,上限报警值;

Flag＝4,上上限报警值;

Flag＝5,下偏差报警限值;

Flag＝6,上偏差报警限值;

Flag＝7,偏差报警基准值。

（6）实例:! Setalmvalue(电机温度,200,3)。其含义是:把数据对象"电机温度"的报警上限值设为 200。

5.报警提示按钮

当有报警产生时,可以用指示灯提示。具体操作如下。

（1）在"水位控制"窗口中,单击"工具箱"中的"插入元件"图标,弹出"对象元件库管理"对话框。

（2）从"指示灯"类中选取指示灯 1 🔺、指示灯 3 ⚫。

（3）调整两指示灯图标大小,并将它们放在适当位置。其中,🔺作为"液位 1"的报警指示;⚫作为"液位 2"的报警指示。

（4）双击🔺,打开"单元属性设置"对话框。

填充颜色对应的数据对象连接设置为"液位 1＞＝液位 1 上限 or 液位 1＜＝液位 1 下限",如图 2-33 所示。

（5）同理设置"指示灯 3"⚫,可见度对应的数据对象连接设置为"液位 2＞＝液位 2 上限 or 液位 2＜＝液位 2 下限"。

按 F5 键进入运行环境,整体效果图如图 2-34 所示。

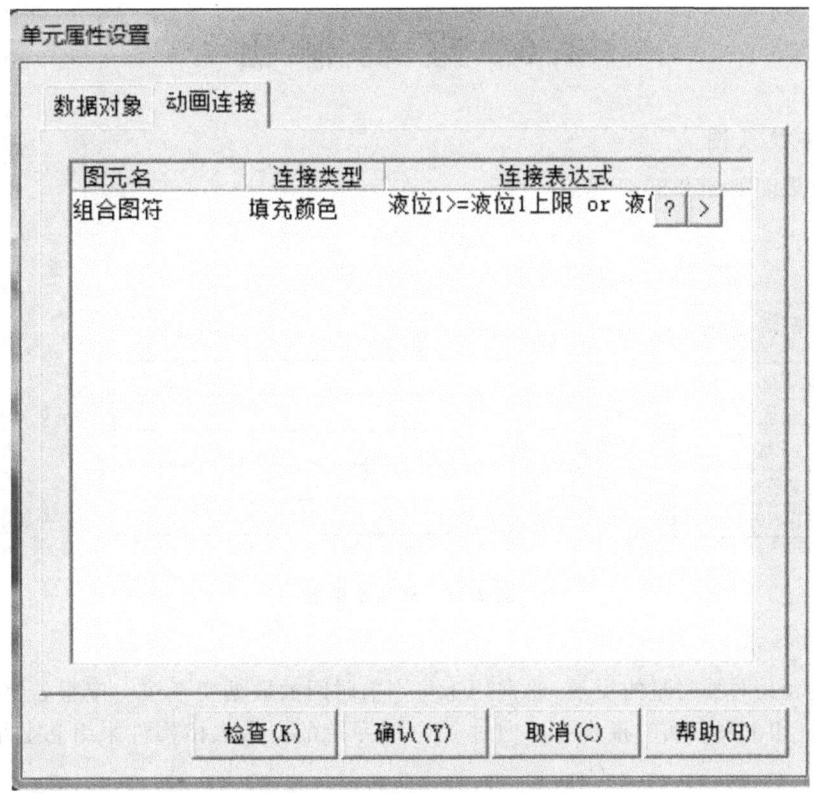

图 2-33　报警提示灯填充颜色设置

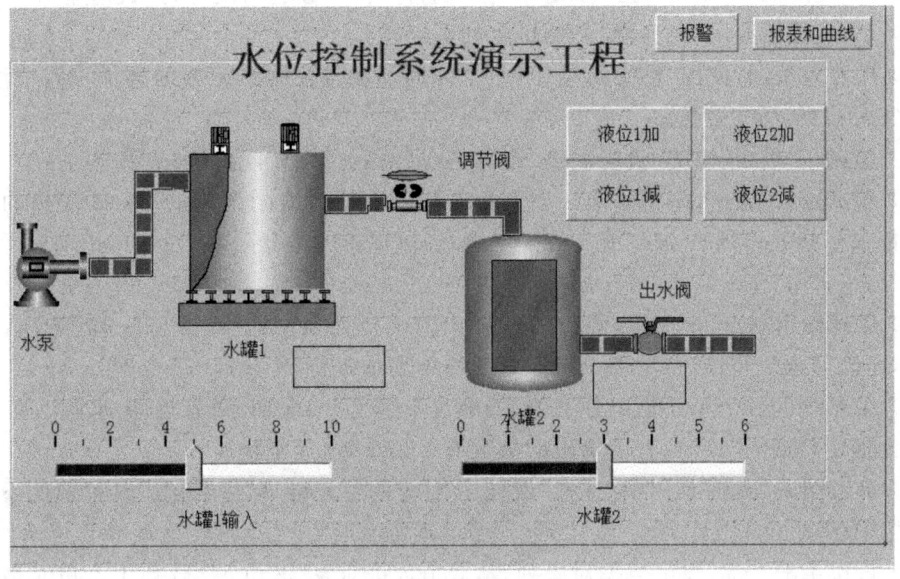

图 2-34　报警提示整体效果图

2.6 报表输出

1. 表格效果图

表格效果图如图 2-35 所示。

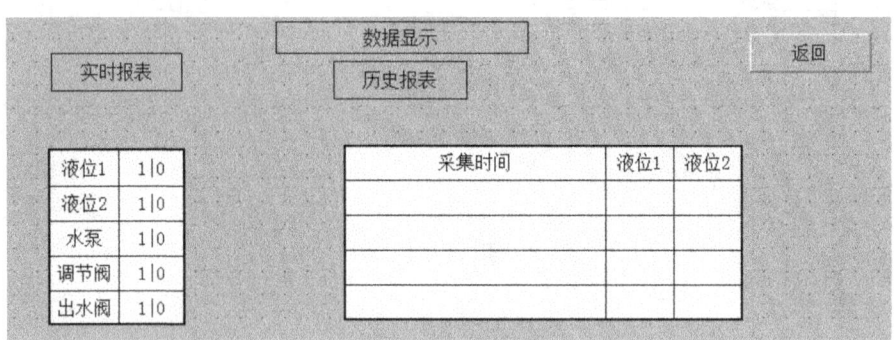

图 2-35 表格效果图

2. 实时报表

实时报表是对瞬时量的反映,通常用于将当前时间的数据变量按一定报告格式(用户组态)显示和打印出来。实时报表可以通过 MCGS 系统的自由表格构件来组态显示实时数据报表。

具体制作步骤如下。

(1) 在"用户窗口"中,新建一个窗口,窗口名称、窗口标题均设置为"数据显示"。

(2) 双击"数据显示"窗口空白区,进入动画组态。

(3) 按照效果图,使用"标签",制作:一个标题,"水位控制系统数据显示";四个注释,用于提示实时数据、历史数据。

(4) 选择"工具箱"中的"自由表格"图标,在桌面适当位置,绘制一个表格。

(5) 双击该表格进入编辑状态。改变单元格大小的方法同微软的 Excel 表格的编辑方法。即把鼠标指针移到 A 与 B 或 1 与 2 之间,当鼠标指针呈分隔线形状时,拖动鼠标至所需大小。

(6) 保持编辑状态,单击鼠标右键,从弹出的下拉列表中选择"删除一列"选项,连续操作两次,删除两列。再选择"增加一行",在表格中增加一行。

(7) 在 B 列的五个单元格中分别输入:液位 1、液位 2、水泵、调节阀、出水阀。在 A 列的五个单元格中均输入"1|0",表示输出的数据有 1 位小数,无空格。

(8) 参考图 2-36,在 B 列中,选择"液位 1"对应的单元格,单击右键。从弹出的下拉列表中选择"连接"项。

(9) 再次单击右键,弹出数据对象列表,双击数据对象"液位 1",B 列 1 行单元格所显示的数值即"液位 1"的数据。

(10) 按照上述操作,将 B 列的 2、3、4、5 行分别与数据对象"液位 2""水泵""调节阀""出水阀"建立连接。得到如图 2-37 所示效果。

(11) 进入"主控窗口",单击"菜单组态",增加一名为"数据显示"的菜单项,菜单项操作为:双击"用户窗口"→"数据显示"。制作方法可参照前述报警显示中相关部分。

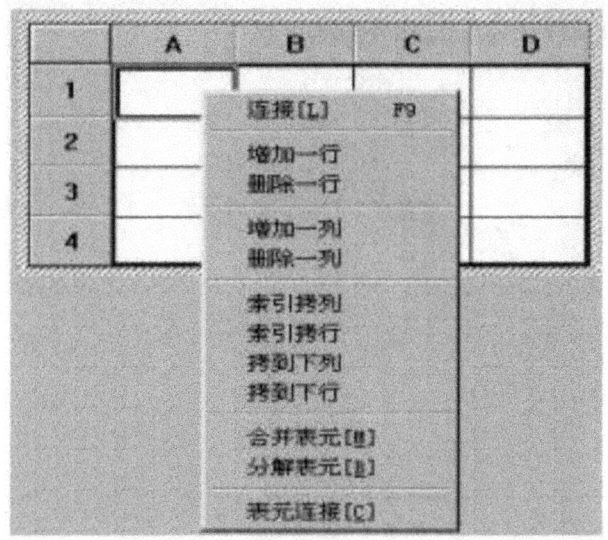

图 2-36　实时报表单元格设置　　　　图 2-37　实时报表单元格设置效果

按 F5 键进入运行环境后，单击菜单项中的"数据显示"，即可打开"数据显示"对话框。

3.历史报表

历史报表通常用于从历史数据库中提取数据记录，并以一定的格式显示历史数据。实现历史报表的输出有三种方式：

（1）利用策略构件中的"存盘数据浏览"构件；

（2）利用动画构件中的"历史表格"构件；

（3）利用动画构件中的"存盘数据浏览"构件。

本章仅介绍前两种。

1）利用"存盘数据浏览"策略构件实现历史报表的输出

（1）在"运行策略"中新建一个用户策略。策略名称改为"历史数据"；策略内容注释改为"水罐的历史数据"。

（2）双击"历史数据"策略，进入策略组态窗口。

（3）新增一个策略行，并添加"存盘数据浏览"策略构件，如图 2-38 所示。

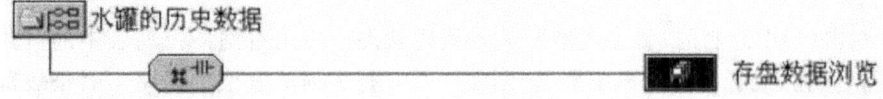

图 2-38　添加"存盘数据浏览"策略构件

（4）双击该构件保存图标，弹出"存盘数据浏览构件属性设置"对话框。

（5）在"数据来源"选项卡中，选择 MCGS 组对象对应的存盘数据表，并在下面的输入框中输入文字"液位组"（或者单击输入框右端的问号，从数据对象列表中选择组对象"液位组"）。

（6）在"显示属性"选项卡中，单击"复位"按钮，并在液位 1、液位 2 对应的小数列中输入"1"，时间显示格式除毫秒外全部勾选，如图 2-39 所示。

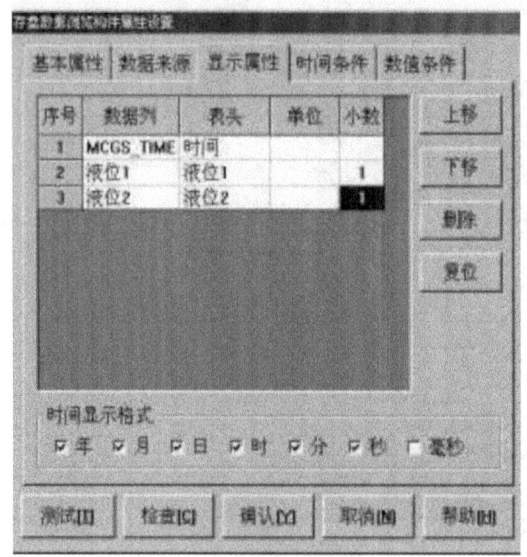

图 2-39　设置"显示属性"

（7）在"时间条件"选项卡中，进行如下设置。

① 排序列名：MCGS_TIME，升序。

② 时间列名：MCGS_TIME。

③ 所有存盘数据。

（8）单击"确认"按钮。

（9）进入"主控窗口"，新增加一个菜单，参数设置为：

"菜单属性"选项卡中，菜单名设为"历史数据"；

"菜单操作属性"选项卡中，菜单对应的功能选择"执行运行策略块"，策略名称为"历史数据"。

2）利用"历史表格"构件实现历史报表的输出

"历史表格"构件是基于 Windows 下的窗口和所见即所得机制的，用户可以在窗口上利用"历史表格"构件强大的格式编辑功能配合 MCGS 的画图功能做出各种精美的报表。

（1）在"数据显示"对话框中，选取"工具箱"中的"历史表格"构件，在适当位置绘制一个历史表格。

（2）双击（1）中绘制的"历史表格"，进入编辑状态。使用右键下拉列表中的"增加一行""删除一行"按钮，或者单击编辑条按钮，制作一个 5 行 3 列的表格。参照实时报表部分制作相关内容如下：

列表头分别为"采集时间""液位 1""液位 2"；

数值输出格式均为"1|0"。

（3）选择 R2、R3、R4、R5，单击右键，选择"连接"选项。

（4）单击菜单栏中的"表格"菜单，选择"合并表元"项，所选区域会出现反斜杠。

（5）双击该区域，弹出"数据库连接设置"对话框，具体设置如下。

"基本属性"选项卡中，连接方式按图 2-40（a）选取：

① 在指定的表格单元内，显示满足条件的数据记录；

② 按照从上到下的方式填充数据行；

③ 显示多页记录。

"数据来源"选项卡中,选择"组对象对应的存盘数据";组对象名为"液位组",如图 2-40 (b)所示。

"显示属性"选项卡(见图 2-40(c))中,单击"复位"按钮。

"时间条件"选项卡中,进行如图 2-40(d)所示设置。

① 排序列名:MCGS_TIME,升序。

② 时间列名:MCGS_TIME。

③ 所有存盘数据。

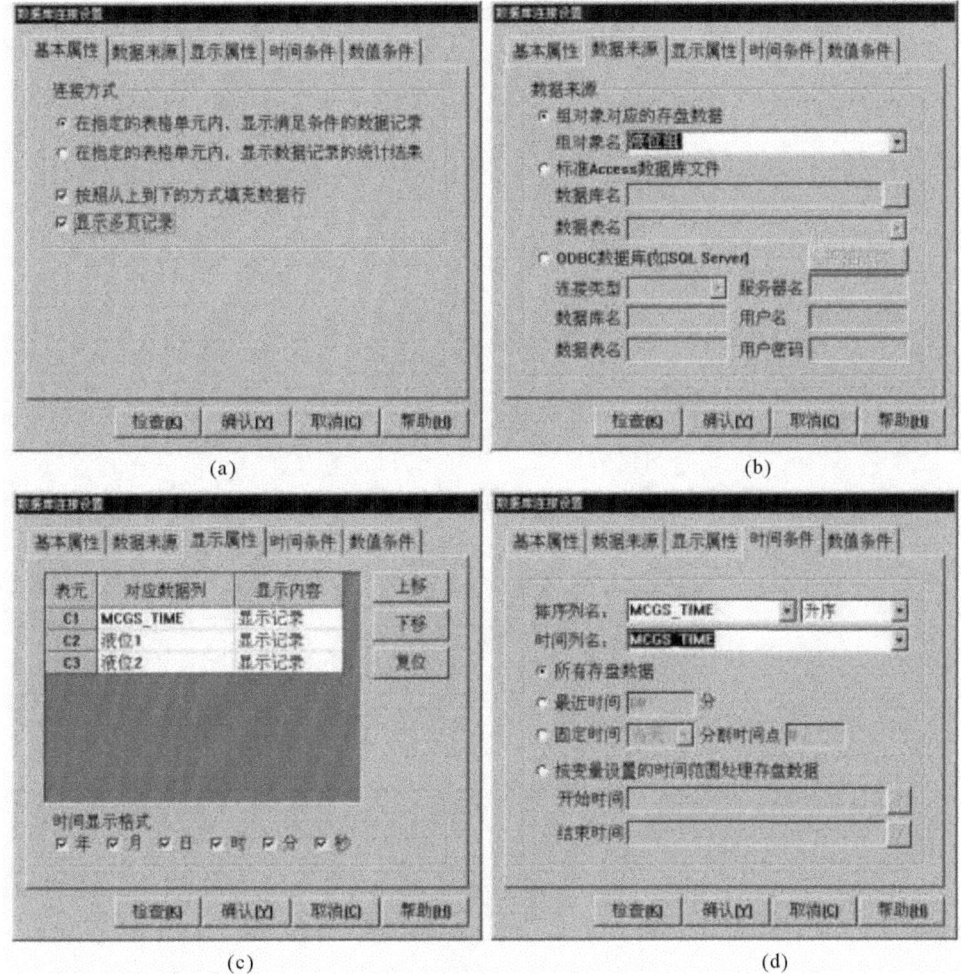

图 2-40 历史表格创建

习　　题

1.工程建立和保存的方法分别有哪些?

2.数据对象有几种类型? 数据对象是由什么构成的?

3.数值型数据对象的报警有几种? 开关型数据对象的报警有几种?

4.组对象建立的方法有哪些?

5. 为什么说实时数据库是 MCGS 系统的核心？

6. 工作台由哪五个部分组成？

7. MCGS 渐进色功能提供了哪两种不同的优化方式？

8. 图元和图符对象的属性分为哪两个部分？

9. 颜色属性包括哪三种？

10. 位置动画连接包括图形对象的哪三种属性？

11. 填充颜色的表达式的值为数值型时,最多可以定义多少个分段点？

12. 特殊动画连接包括哪两种方式？

第3章 十字路口交通灯组态监控系统设计与实现

1. 教学内容

（1）读懂控制要求，设计十字路口交通灯组态监控系统。

（2）用 MCGS 组态软件进行画面制作和程序编写。

2. 教学重点

（1）掌握定时器函数的控制方法。

（2）掌握图元的分解与合成的方法。

（3）掌握用户窗口属性设置的方法。

3. 教学难点

（1）在 MCGS 中使用定时器函数。

（2）设置用户窗口属性。

3.1 控 制 要 求

随着我国城市化进程的推进和车辆数量的激增，道路交通拥堵的问题日益突出。目前，我国大部分城市对十字路口交通信号的实时控制仍采取单片机控制系统或数字逻辑电路等多种控制方式。本章以 MCGS 组态软件为开发平台，设计十字路口交通灯系统的监控窗口，并建立下位机和上位机之间的数据传输，实现组态界面上的图形对象与现场交通信号、实时数据记录的操作与监控，并拓展基于 PLC 和 MCGS 的十字路口交通灯监控系统。

现有控制要求如下。

（1）信号灯受一个启动开关控制，当启动开关接通时，系统开始工作，且先南北红灯亮、东西绿灯亮。当停止开关接通时，所有信号灯都熄灭。

（2）当南北红灯亮 25 s 的时候，东西绿灯先常亮 20 s，东西方向的车辆运行，接着东西绿灯变为闪烁状态，东西方向车辆停止运行，闪烁 3 s 后熄灭，东西黄灯亮 2 s。

（3）东西黄灯亮 2 s 后，切换为东西红灯亮、南北绿灯亮。

（4）当东西红灯亮 25 s 的时候，南北绿灯先常亮 20 s，南北方向的车辆运行，接着南北绿灯变为闪烁状态，南北方向车辆停止运行，闪烁 3 s 后熄灭，南北黄灯亮 2 s。

（5）南北黄灯亮 2 s 后，切换回南北红灯亮、东西绿灯亮；周而复始。

在十字路口的东西方向和南北方向各设置有红、黄、绿三个信号灯，各信号灯按照预先设定的时序轮流点亮或者熄灭,可先绘制如图 3-1 所示的交通灯时序图,为后续脚本或策略的编写提供方便。

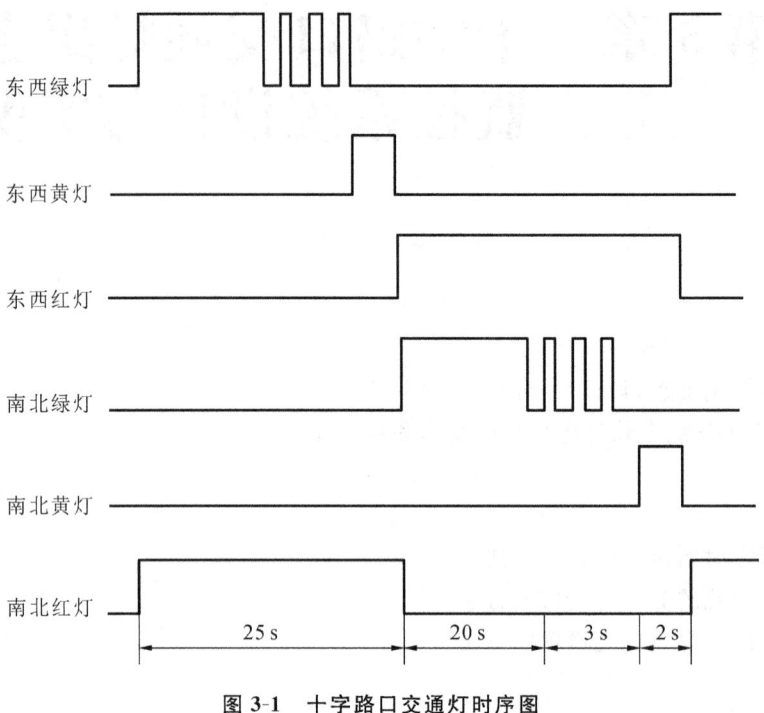

图 3-1　十字路口交通灯时序图

3.2　工程和实时数据库的建立

3.2.1　建立工程

单击"文件"→"新建工程",选择对应的触摸屏型号,如图 3-2 所示。本章选择"TPC7062Ti",工程另存为"交通灯监控系统.MCE",保存在自定义文件夹下。

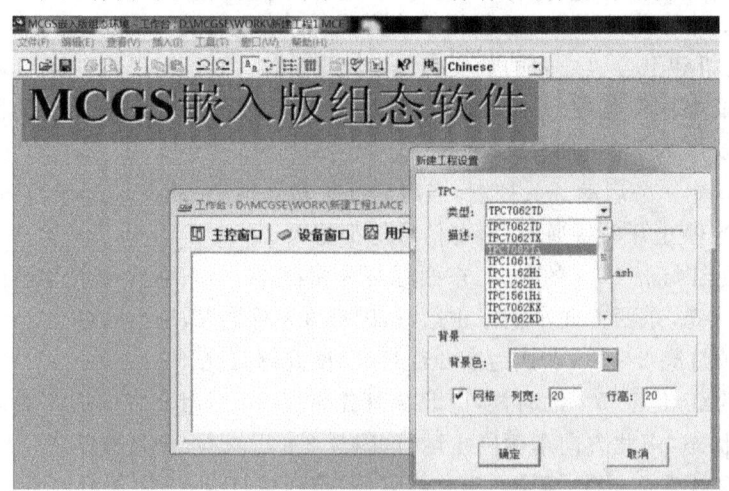

图 3-2　新建工程

3.2.2　实时数据库的建立

单击工作台中的"实时数据库"选项卡,进入实时数据库窗口,窗口中列出了已有系统内部建立数据对象的名称。单击工作台右侧"新增对象"按钮,在窗口的数据对象列表中,增加新的数据对象。选中对象,单击右侧"对象属性"按钮,或双击选中对象,则弹出"数据对象属性设置"对话框,将对象名称改为"启动",对象类型选择"开关型",单击"确认"按钮。按照上述步骤,设置其他数据对象,参照表 3-1 建立实时数据库后,工程实时数据库窗口如图 3-3 所示。

表 3-1　工程实时数据库

对象名称	类型	注释
启动	开关型	
停止	开关型	
东西方向车	数值型	
南北方向车	数值型	
time	数值型	时间

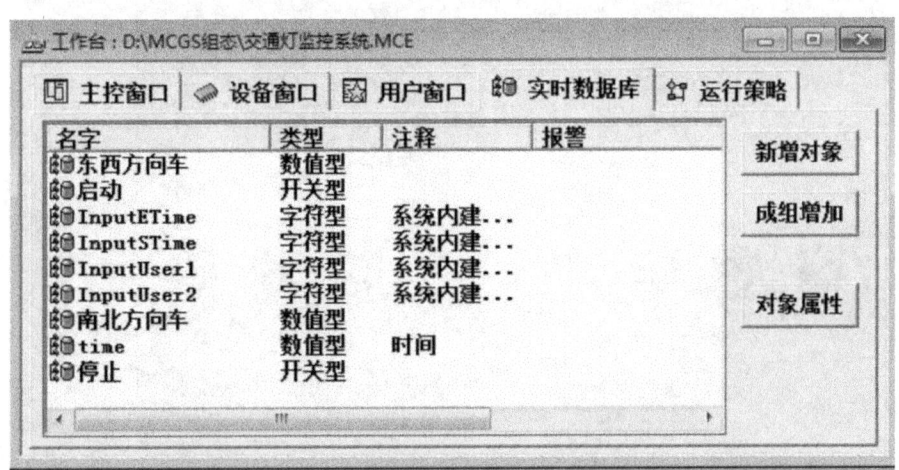

图 3-3　工程实时数据库窗口

3.3　画　面　绘　制

(1) 选择"用户窗口"选项卡,双击"窗口 0",进入动画组态窗口,开始画面绘制。

(2) 单击工具条中的"工具箱"按钮,打开绘图工具箱。选择"工具箱"内的矩形 □ ,在窗口中绘制四个矩形作为草地区域,填充颜色改为"浅绿色"。接着绘制斑马线若干,用文本工具 **A** ,在四个方向写上"东""西""南""北",最后效果图如图 3-4 所示。

(3) 单击菜单"工具"→"对象元件库管理",或者单击工具箱中"插入元件"图标 ,弹出"对象元件库管理"对话框,选择"货车"和"树"图元,放到合适位置。其中货车图元可以通过

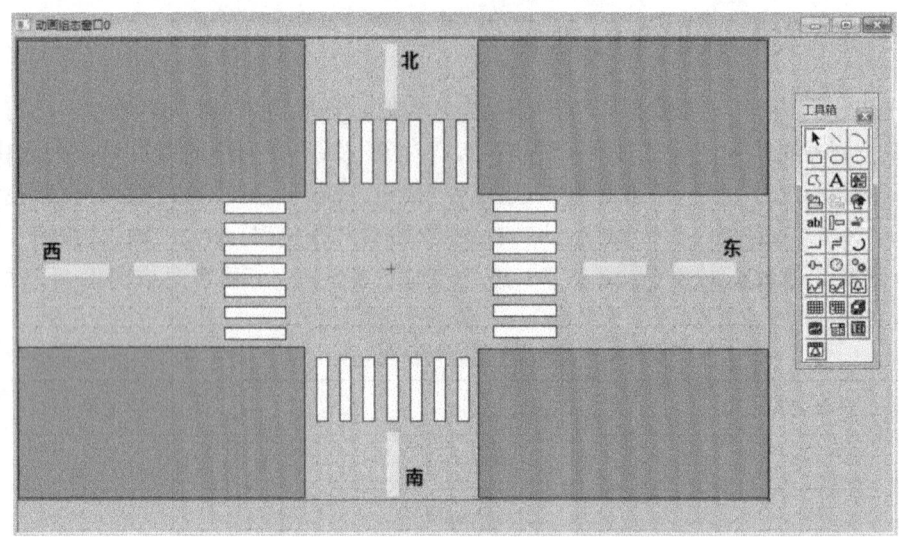

图 3-4　十字路口道路绘制最后效果图

菜单项"排列"→"旋转"来进行左旋、右旋、左右镜像和上下镜像操作。将除"货车"外,其他图元通过菜单项"排列"→"锁定"来固定,以免后面误操作移动画面。效果图如图 3-5 所示。

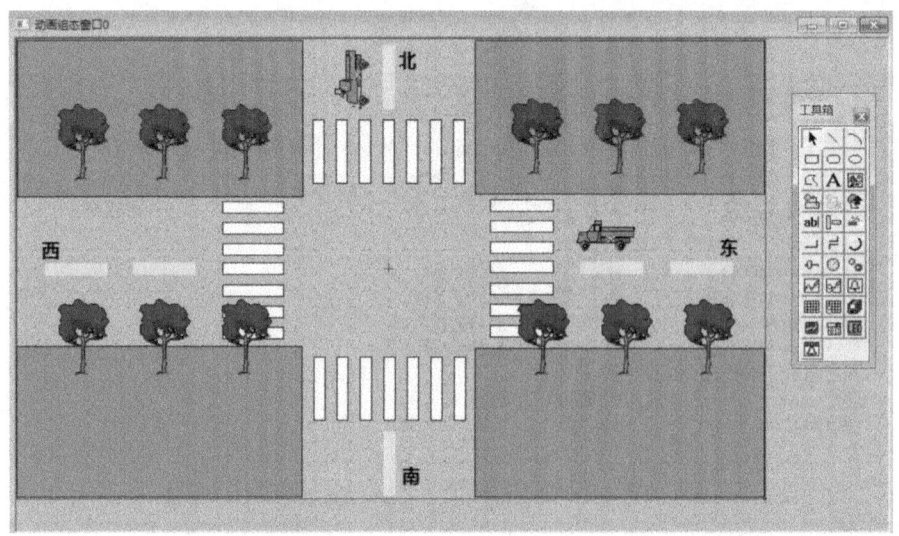

图 3-5　添加货车和树后的效果图

(4) 在"对象元件库管理"对话框中选择"指示灯"→"指示灯 19"即"交通灯"图元,放到合适位置,单击菜单项"排列"→"分解单元",将交通灯分解为三个独立的单元。分别打开三个交通灯的属性,分别修改颜色为红、黄、绿,然后将交通灯复制、旋转、粘贴三个在另三个方向,另在"对象元件库管理"中加"管道"图元,作为交通灯柱子。

注意事项:

① 红绿灯图元三个颜色小圆圈图元后面,还各有一个小圆圈,将其改成黑色或者删掉;

② 旋转交通灯需要将三个组合成单元才能旋转,旋转到位后再分解,以便后面进行动画设置。

绘制画面如图 3-6 所示。

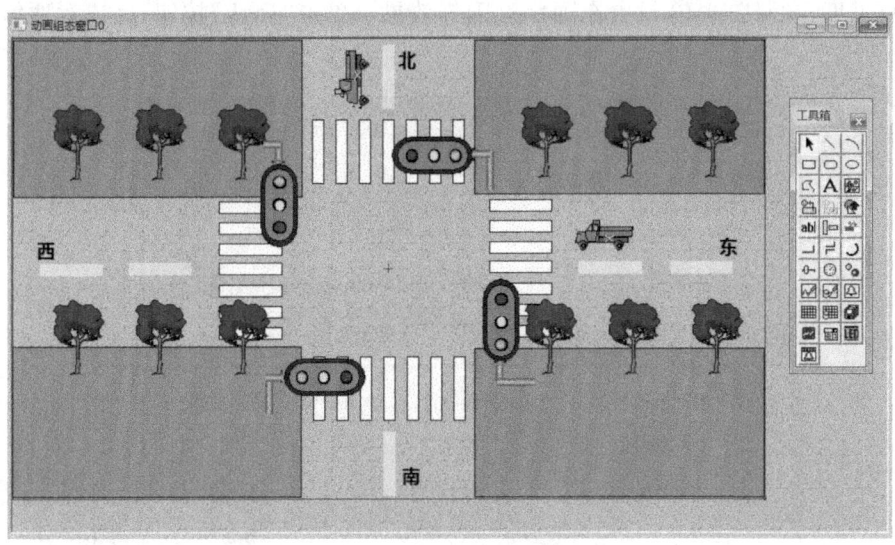

图 3-6　添加交通灯后的效果图

（5）在画面上添加"启动""停止"两个按钮，和两个用来显示计时时间的文本框，输入"时间"，最终效果图如图 3-7 所示。

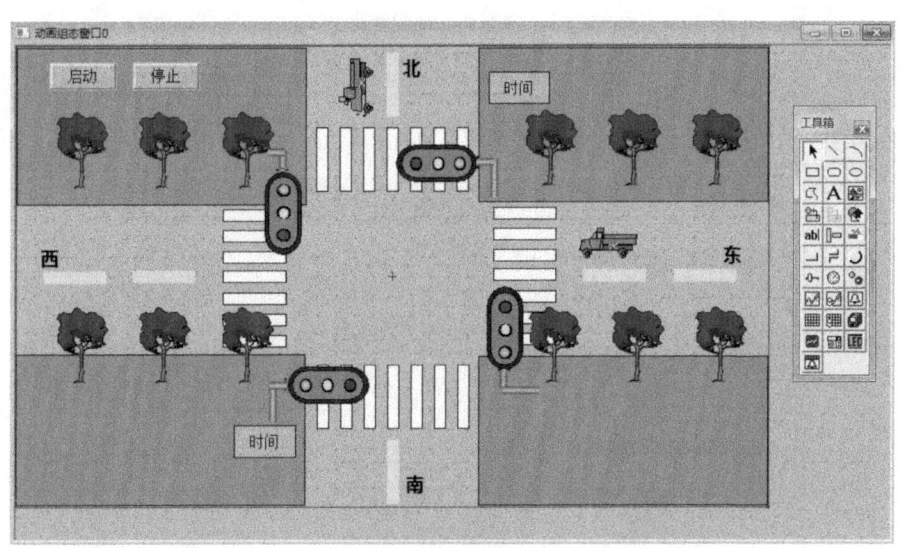

图 3-7　十字路口交通灯组态监控系统画面效果图

3.4　动　画　连　接

1. 交通灯动画设置

（1）以东西方向的交通灯动画设置为例。东西两个方向的交通灯动画连接相同，而且前面已经将东西方向的交通灯进行了单元分解，将东西方向的红、黄、绿灯变成三个独立的图元。

（2）双击绿灯，进入"动画组态属性设置"选项卡，选择"可见度"和"闪烁效果"，如图 3-8 所示。本任务要求 0～23 s 东西绿灯可见，其中 20～23 s 东西绿灯闪烁。参照图 3-9 设置东西绿灯可见度,参照图 3-10 设置东西绿灯闪烁效果。单击"确认"按钮,完成东西绿灯动画设置。

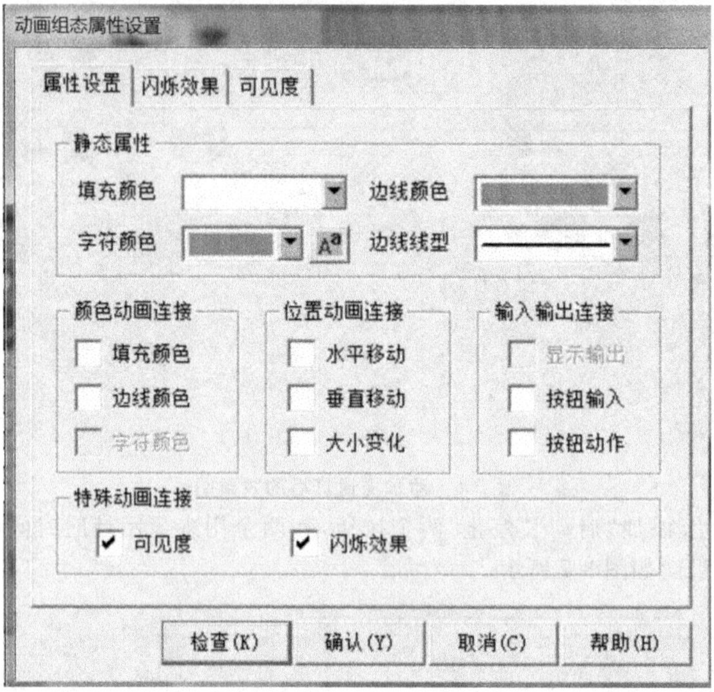

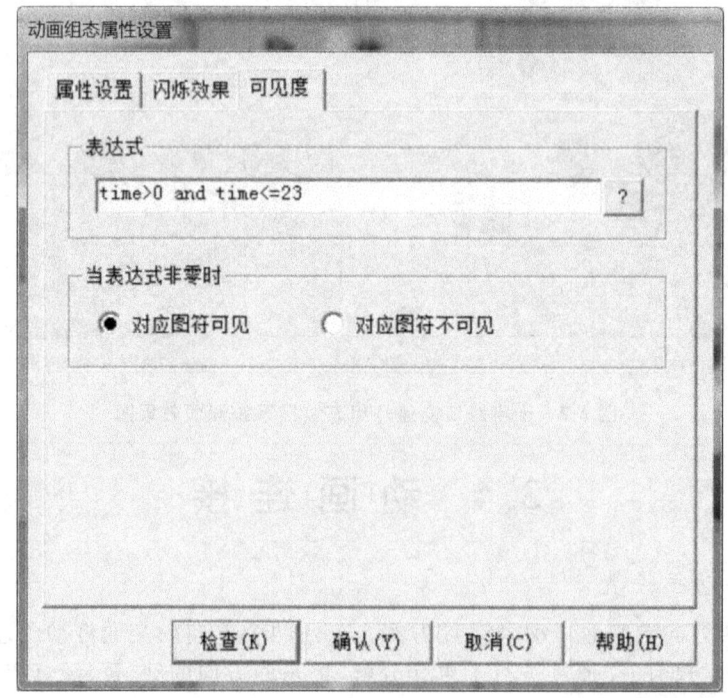

图 3-8　交通灯动画设置(1)

图 3-9　交通灯动画设置(2)

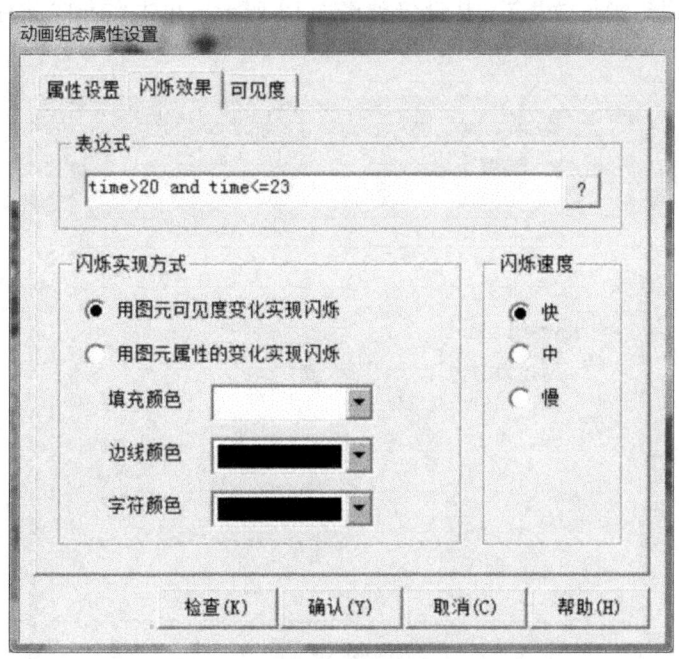

图 3-10　交通灯动画设置(3)

(3) 东西黄灯是在绿灯闪烁结束后开始亮的,亮 2 s,即东西黄灯在 23～25 s 内是亮的。参考东西绿灯的动画设置方法,在"动画组态属性设置"对话框中,只需选择"可见度",不用选择"闪烁效果"。其设置如图 3-11 所示,单击"确认"按钮,完成东西黄灯动画设置。

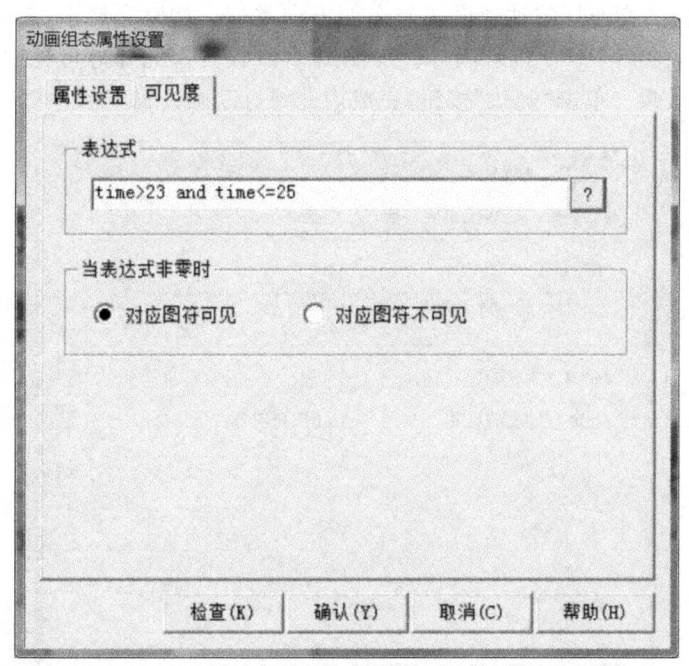

图 3-11　交通灯动画设置(4)

(4) 东西红灯是在黄灯灭后开始亮的,亮 25 s,即东西红灯在 25 s 以上的范围(周期为 50 s)内是亮的。参考东西黄灯的动画设置方法,在"动画组态属性设置"对话框中,只需选择

"可见度",不用选择"闪烁效果"。其设置如图 3-12 所示。单击"确认"按钮,完成东西红灯动画设置。

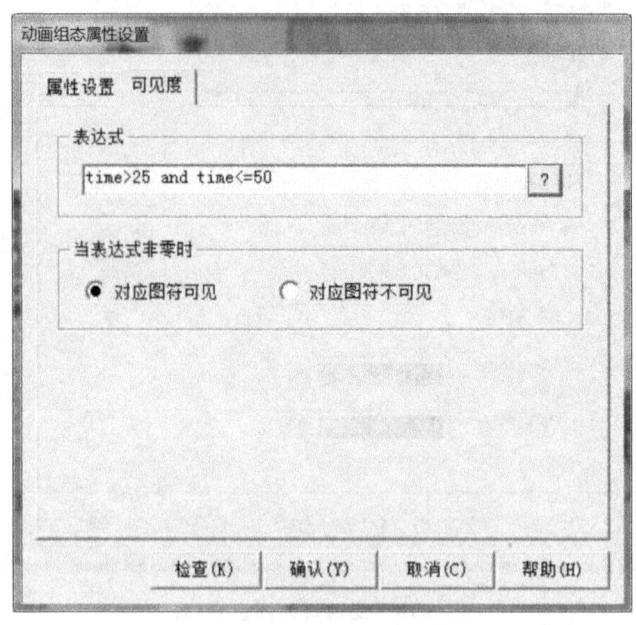

图 3-12　交通灯动画设置(5)

(5) 红、黄、绿灯图元动画组态属性设置完成后,再将东西交通灯的图元全部选择,单击右键,选择"排列"→"合成单元",完成东西交通灯的动画设置。

(6) 南北方向的交通灯的动画设置与东西方向类似。按时序要求,南北绿灯图元在 25~48 s 内灯可见,在 45~48 s 内灯闪烁。参照图 3-13 设置南北绿灯可见度,参照图 3-14 设置南北绿灯闪烁效果。单击"确认"按钮,完成南北绿灯动画设置。

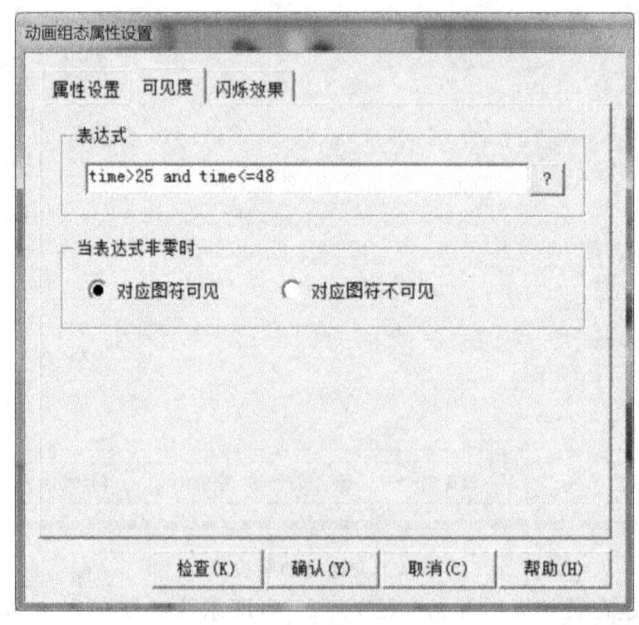

图 3-13　交通灯动画设置(6)

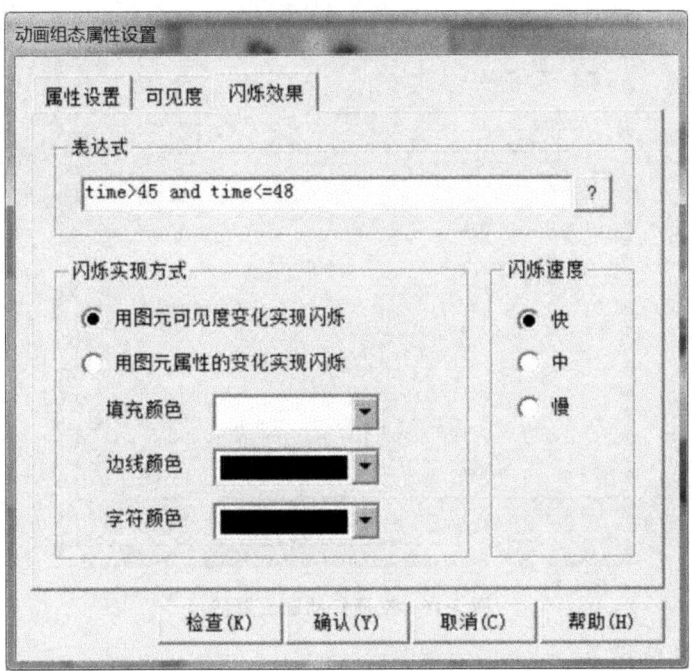

图 3-14　交通灯动画设置(7)

　　(7) 南北黄灯是在绿灯闪烁结束后开始亮的,亮 2 s,即南北黄灯在 48～50 s 内是亮的。其设置如图 3-15 所示。

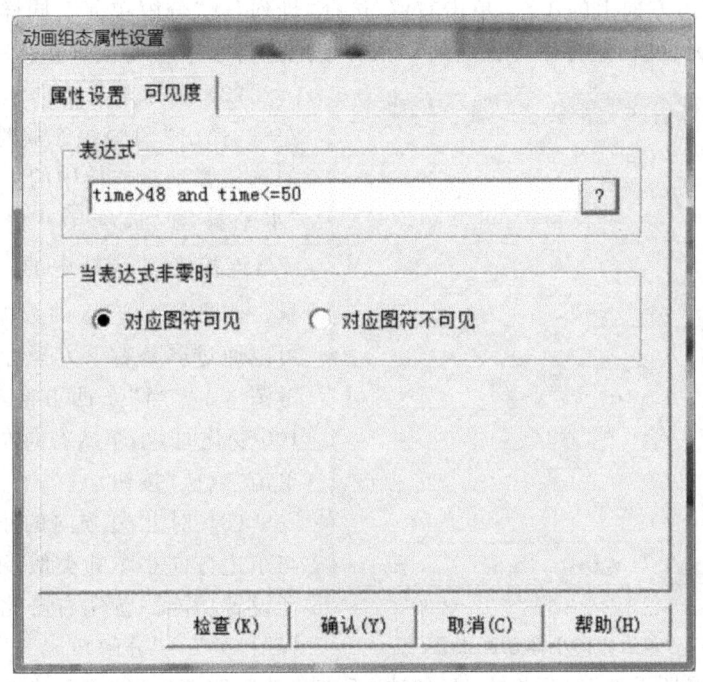

图 3-15　交通灯动画设置(8)

　　(8) 南北红灯是在启动后亮的,亮 25 s,即南北红灯在 0～25 s 内是亮的,其设置如图3-16所示。

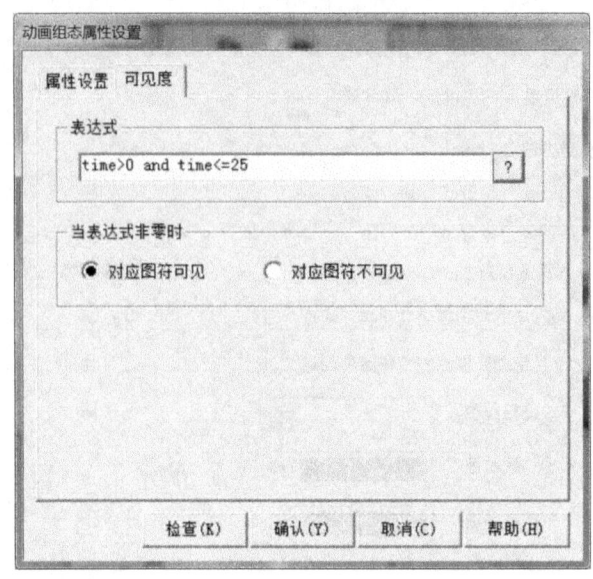

图 3-16　交通灯动画设置(9)

2. 车辆的动画设置

在本系统中,当东西方向绿灯常亮时,其对应方向的车辆开动,绿灯闪烁时车辆停止过马路;同样南北方向绿灯常亮时,对应方向的车辆开动,绿灯闪烁时车辆停止过马路。在本章中,只在北边和东边放置了两个小车进行动画设置。

(1) 选择东边方向上的小车,单击右键,选择"排列"→"分解单元",同样,将北边方向的小车,也进行单元分解,这样小车图符可以很方便地进行水平移动或垂直移动设置。

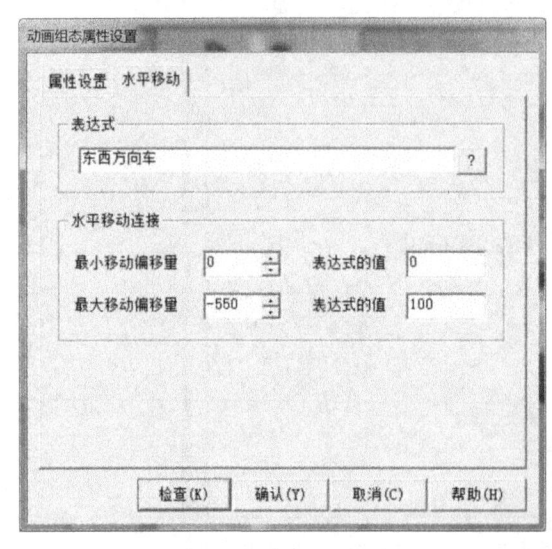

图 3-17　东边方向小车动画设置

(2) 选择东边方向上的小车后,双击左键,弹出"动画组态属性设置"对话框,勾选位置动画连接中的"水平移动",选择"水平移动"选项卡。单击表达式中的 ? ,连接变量选择中的"东西方向车"变量。水平移动连接的数据(即运行距离)可以通过屏幕右下方坐标位置来设定,参考图 3-17,当"东西方向车"变量从 0 到 100 变化时,小车从右向左移动 550 像素,单击"确认"按钮。

(3) 对北边方向的小车进行的设置与东边方向小车的类似,不过需要垂直移动设置功能。首先右击北边小车图元,选择"排列"→"分解单元"。双击左键,在弹出的"动画组态属性设置"对话框中,只勾选"垂直移动",取消选择"水平移动"。

(4) 在"垂直移动"选项卡中,连接"南北方向车"变量,垂直移动连接的数据(即运行距离)可以通过屏幕右下方坐标位置来设定,参考图 3-18,当"南北方向车"变量从 0 到 100 变化时,小车从上向下移动 400 像素,单击"确认"按钮。

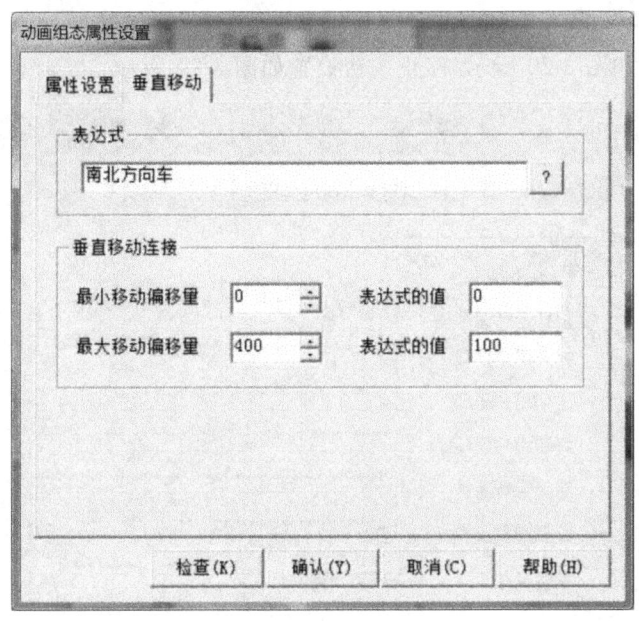

图 3-18 北边方向小车动画设置

（5）根据需要，也可以在南边和西边放置小车，与前面类似，进行动画设置。

3．时间标签设置

为了更方便地观察定时器的时间，在原画面上增加了两个时间显示。双击方框，弹出"标签动画组态属性设置"对话框，在输入输出连接处中选择"显示输出"。单击"显示输出"选项卡，按照图 3-19 设置，选择"数值量输出"，取消浮点输出和自然小数位，小数位数为 0，即输出为整数。在定时器运行时，可以显示计时时间。

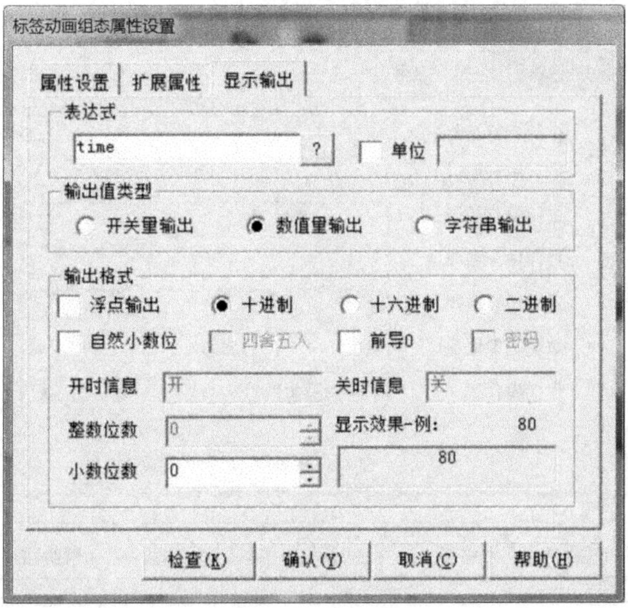

图 3-19 时间显示输出设置

4.启、停按钮设置

启动按钮设置如图 3-20 所示,停止按钮设置如图 3-21 所示。

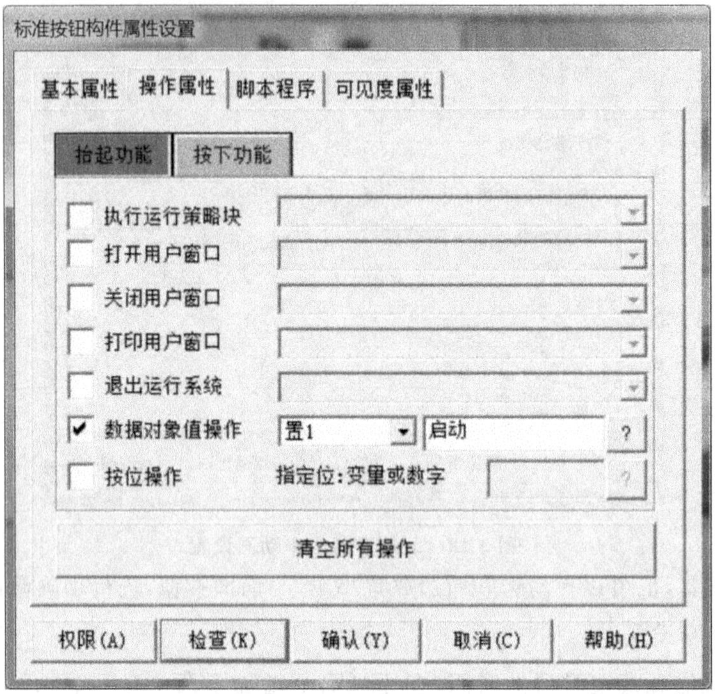

图 3-20　启动按钮设置

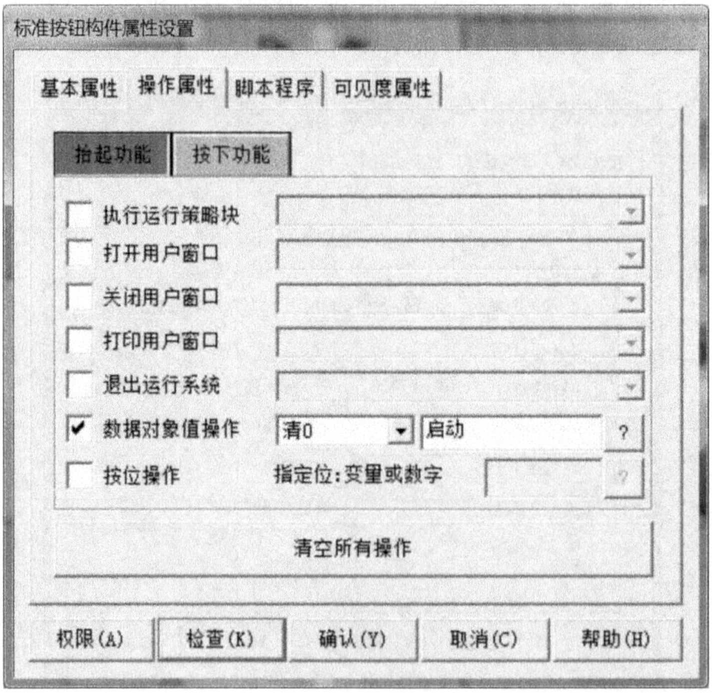

图 3-21　停止按钮设置

3.5　编写脚本程序

在用户窗口中双击空白区，弹出"用户窗口属性设置"对话框，单击"循环脚本"，首先将循环时间设定为 200，单击打开脚本编辑器，编写如下所示的参考脚本程序。

```
! TimerSetLimit(1,50,0)
! TimerSetOutput(1,time)
if 启动= 1 then
! TimerRun(1)
else
  ! TimerStop(1)
  time= 0
endif

if time> 0 and time< = 20   then
    东西方向车= 东西方向车+ 10
    if 东西方向车= 100 then 东西方向车= 0
else
    东西方向车= 0
endif

if time> 25 and time< = 45   then
    南北方向车= 南北方向车+ 10
    if 南北方向车= 100 then 南北方向车= 0
else
    南北方向车= 0
endif
```

3.6　模拟仿真运行与调试

下载工程并进入运行环节，单击启动按钮运行，如图 3-22 所示。观察各方向的交通灯是否按照设计要求工作，观察车辆是否按照设计要求工作。如有异常应进行调试，直到系统正常工作。

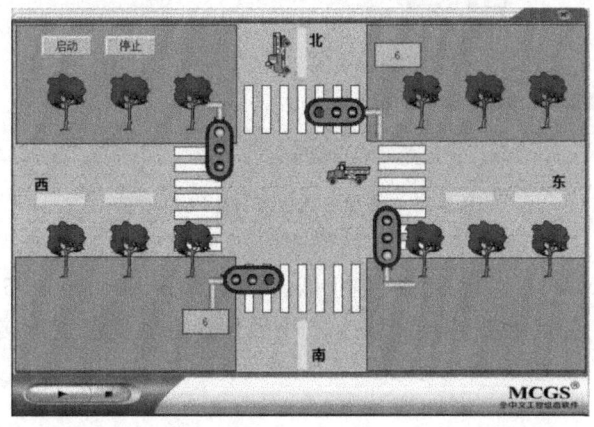

图 3-22　十字路口交通灯组态监控系统运行画面

3.7 任务拓展

任务拓展要完成下位机 PLC 对交通灯模块的控制,并在上位机触摸屏上使用 MCGS 组态软件进行监控。本任务选择西门子 S7-200 SMART PLC 和 TPC7062Ti 触摸屏,硬件之间使用网线进行通信。

(1) 将模拟仿真工程修改为 PLC 控制工程,需要做如下改动:

① 重启 TPC7062Ti 触摸屏,在硬件上设置触摸屏 IP 地址为 192.168.2.2;

② 在 MCGS 设备窗口中增加"设备 0-西门子 SMART200"PLC 设备,修改本机和远端 IP 地址;

③ 将编制好的交通灯控制程序和 PLC 的 IP 地址"192.168.2.3"设置下载到 PLC 中;

④ 将 MCGS 用户窗口中的变量连接修改成与 PLC 设备的连接,将 MCGS 组态工程下载到触摸屏中;

⑤ 完成 PLC 与触摸屏的硬件连接和通信。

(2) 在 MCGS 设备窗口中增加 PLC 设备,修改 IP 地址,本机 IP 地址是触摸屏的 IP 地址,远端 IP 地址是 PLC 的 IP 地址,如图 3-23 所示。

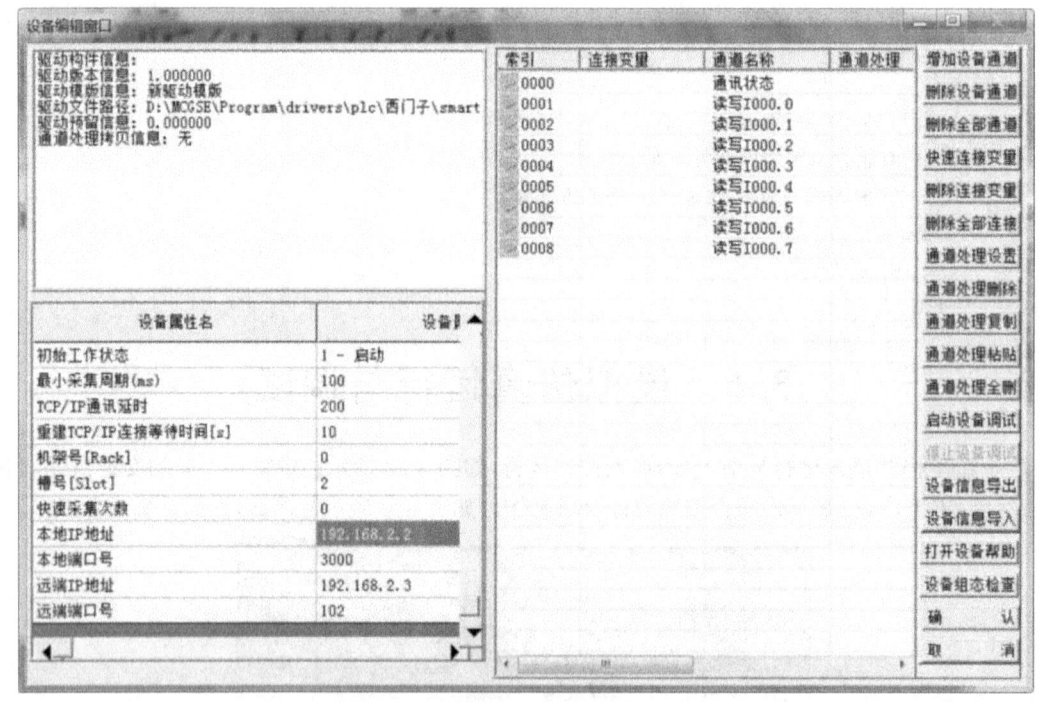

图 3-23 增加 SMART200 PLC 设备

(3) 将 MCGS 用户窗口中的变量连接修改成与 PLC 设备的连接,主要有两个:

① 启动信号由 M10.0 进行,启动、停止按钮设置如图 3-24、图 3-25 所示;

② 将红、黄、绿灯进行数据连接的修改,6 个数据量可见度分别连接 PLC 程序中信号灯输出量 Q0.0~Q0.5,如图 3-26 所示。

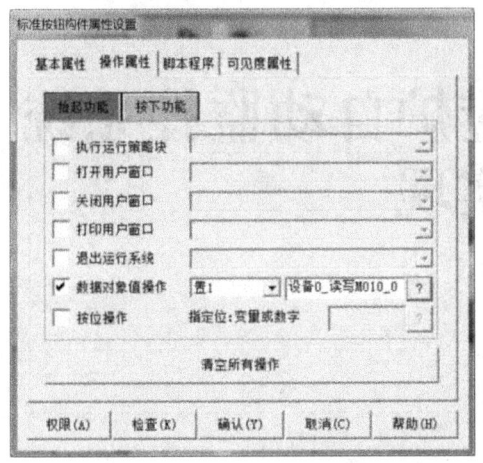

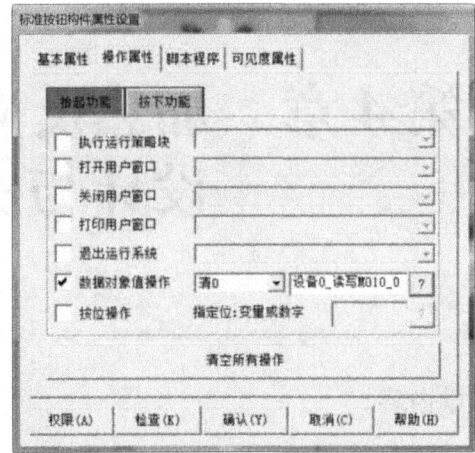

图 3-24　启动按钮设置　　　　　　　图 3-25　停止按钮设置

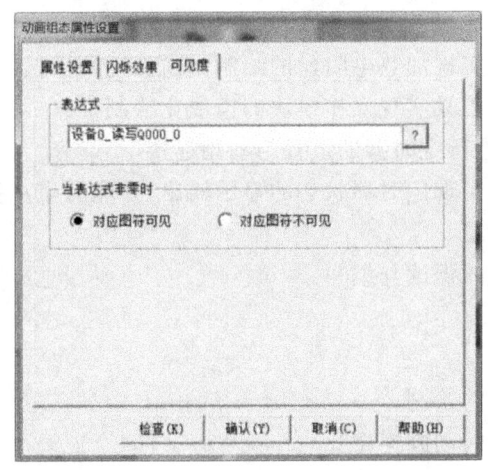

图 3-26　交通灯数据连接示例

（4）将 PLC 程序下载到 PLC 中，组态工程下载到触摸屏后，进行 PLC 和触摸屏调试，直至其工作正常。

习　　题

如图 3-27 所示，天塔之光彩灯工作方式要求为发射型闪烁，其工作流程如下：L1 亮 2 s 后灭，接着 L2、L3、L4、L5 亮 2 s 后灭，接着 L6、L7、L8、L9 亮 2 s 后灭，然后 L1 亮 2 s 后灭……如此循环。按此要求进行该组态监控系统的设计与实现。

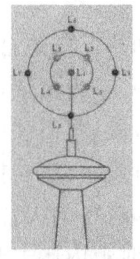

图 3-27　天塔之光示意图

第4章 加热反应炉自动监控系统设计与实现

1.教学内容

（1）利用"流体块"工具进行流体块的绘制与动画连接。

（2）利用"插入元件"工具实现阀门、方向箭头、仪器仪表、传感器、指示灯、反应炉等的绘制与动画连接。

（3）利用"折线"工具实现加热电阻丝的绘制、设置、动画连接。

（4）利用"常见符号"工具实现操作模块的模块化绘制。

（5）根据实际需求，进行定时器的设置与动画连接。

（6）利用"标签"工具实现定时器状态的显示输出，并能对重点模块进行标签备注。

（7）参数的设置与绑定。

（8）较复杂脚本文件的识读与编写。

2.教学重点

（1）加热反应炉画面的绘制。

（2）加热反应炉构件的动画连接。

（3）较复杂脚本文件的识读与编写。

3.教学难点

编写完整的加热反应炉自动监控系统的脚本程序。

4.1 控 制 要 求

加热反应炉自动监控系统是组态软件实际应用中的一个经典案例，普遍应用于工农业生产中，较为复杂，由水箱系统、加热系统、检测系统、控制系统等系统组成。整个设计分为三个阶段，本系统的控制要求可以简化如下。

阶段一：送料排气阶段。当检测到炉内液位、压力和温度低于设定值（都为0）时，开启排气阀和进料阀；当液位上升到最高位设定值时，关闭排气阀和进料阀，延迟 10 s，开启氮气阀，此时炉内压力升高，当达到压力给定值时，关闭氮气阀。

阶段二：加热发酵阶段。送料排气阶段结束后，接通加热反应炉，当温度达到设定值时，切断加热反应炉。

阶段三：卸料排气阶段。当加热发酵阶段结束后，延时 10 s，打开排气阀，使炉内压力降到给定值以下,打开排泄阀,当炉内液位值低于设定值时,关闭排气阀和排泄阀,系统恢复到初始状态,进入下一次循环。

4.2　工程和实时数据库的建立

4.2.1　建立工程

可以按以下步骤建立工程。

(1) 双击桌面"MCGSE 组态环境"图标,进入 MCGS 嵌入版组态编辑环境。

(2) 单击"文件"菜单,在下拉菜单中选择"新建工程",如图 4-1 所示。

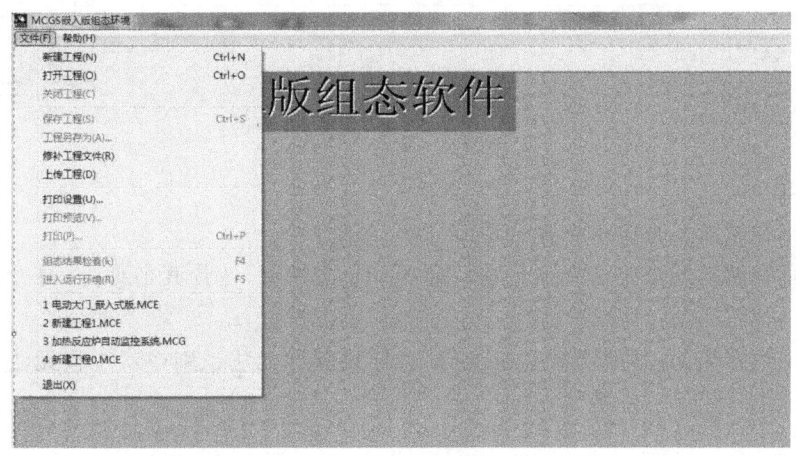

图 4-1　新建工程

(3) 单击"新建工程",在"新建工程设置"对话框中选择 TCP 类型,本系统选择的 TCP 类型为 TCP7062Ti(见图 4-2),其他设置保持不变,单击"确定"按钮。

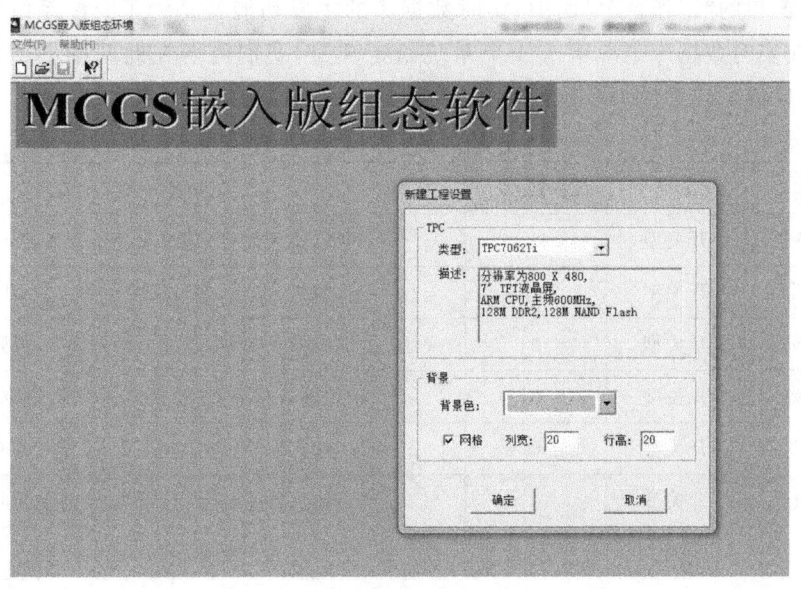

图 4-2　选择 TCP 类型

（4）单击"文件"菜单，单击"工程另存为"，在弹出的对话框中，选择工程的存储地址，并修改工程名称，本系统工程的名称为"加热反应炉自动监控系统"（见图4-3），单击"保存"按钮，完成工程的建立。

图4-3　输入文件名

注意事项：

（1）应根据系统工程需求选择合适的 TCP 类型；

（2）工程存储地址最好选择项目默认的 Work 文件夹，选择其他地方，打开工程时可能会报错；

（3）给工程命名时，不要出现空格，否则会导致软件无法识别或者工程无法正常打开的情况出现。

4.2.2　实时数据库的建立

1. 数据库变量介绍

在工程窗口的"工作台"界面中，实时数据库的主要功能就是为了分配系统所需的各种类型变量，在实时数据库菜单下有 4 个系统给定变量，我们需要在此基础上增加所需的变量。在加热反应炉自动监控系统中，至少需要 16 个变量，如表4-1所示。

表4-1　加热反应炉自动监控系统变量

变量名称	变量类型	变量初始值	变量标签
下液位传感器	开关型	0	下液位输入信号，超过下液位为1，否则为0
温度传感器	开关型	0	温度输入信号，超过设定值为1，否则为0
上液位传感器	开关型	0	上液位输入信号，超过上液位为1，否则为0
压力传感器	开关型	0	压力输入信号，超过设定值为1，否则为0
启动按钮	开关型	0	输入启动信号，按下为1，否则为0
停止按钮	开关型	0	输入停止信号，按下为1，否则为0
排气阀	开关型	0	排气输出信号，1为排气
进料阀	开关型	0	进料输出信号，1为进料

续表

变量名称	变量类型	变量初始值	变量标签
氮气阀	开关型	0	氮气输出信号,1 为进氮气
排泄阀	开关型	0	排泄输出信号,1 为排泄
定时器启动	开关型	0	定时器启动,1 为启动,0 为停止
定时器复位	开关型	0	定时器复位,1 为复位
计时时间	数值型	0	定时器计时时间
时间到	开关型	0	定时器定时状态,1 为时间到,否则为 0
液位值	数值型	0	反应液位的变化
加热炉电源	开关型	0	加热炉电源,开关量输出,1 为有效

2. 在实时数据库中添加变量

（1）选择工作台中的"实时数据库"选项卡,如图 4-4 所示,可以看到系统给定的 4 个数据对象（变量）,我们需要在此基础上将表 4-1 中的数据对象一个一个添加到实时数据库中。

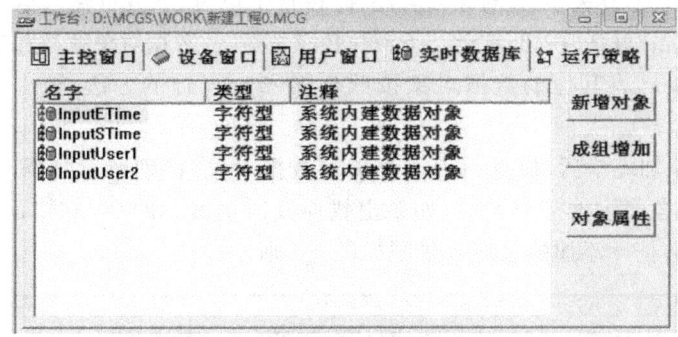

图 4-4　"实时数据库"选项卡

（2）单击图 4-4 中右边的"新增对象"按钮,就可以在数据中增加一个数据对象,如图 4-5 所示。

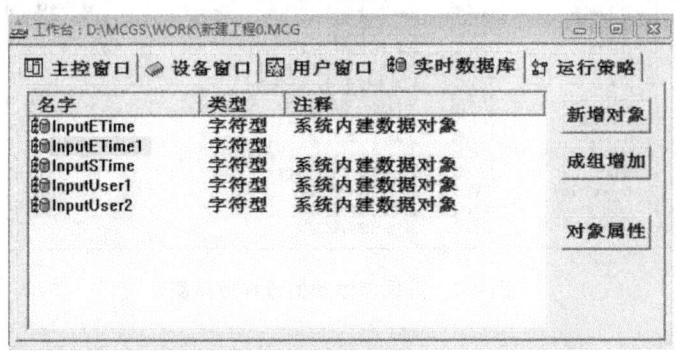

图 4-5　新增数据对象

（3）双击新增的数据对象,或者选择新增的数据对象,单击"对象属性",就可以弹出该数据对象的属性设置对话框,如图 4-6 所示。

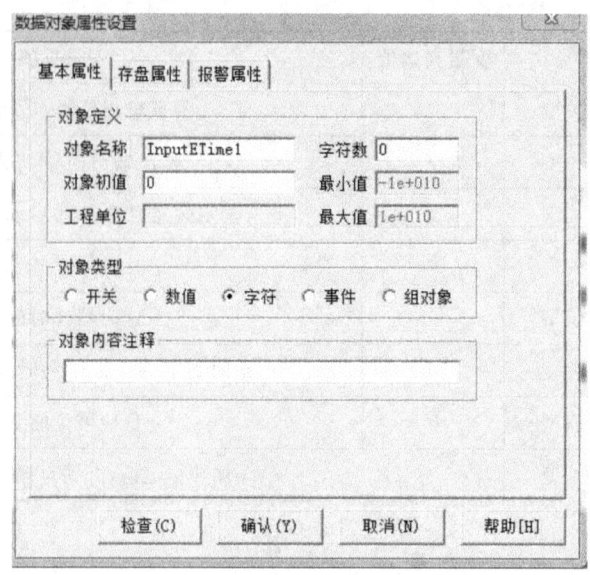

图 4-6 "数据对象属性设置"对话框

（4）将"数据对象属性设置"对话框中的对象名称更改为"下液位传感器"，"对象初值"设置为 0，"对象类型"选为"开关型"，"对象内容注释"栏目中填写"下液位输入信号，超过下液位为 1，否则为 0；"。单击"确认"按钮，在此，"下液位传感器"这一数据对象就设置完成了。

（5）根据表 4-1，将其他的数据对象按照步骤（2）～（4）的方法，依次添加到实时数据库中。

（6）数据库添加完毕后，检查一下所添加的数据对象，特别留意数据对象名称、数据对象初始值、数据对象类型这三个属性，如果出错应及时更改，如果没有错误，单击"保存"或者"存盘"按钮。数据库添加的最终效果图如图 4-7 所示。

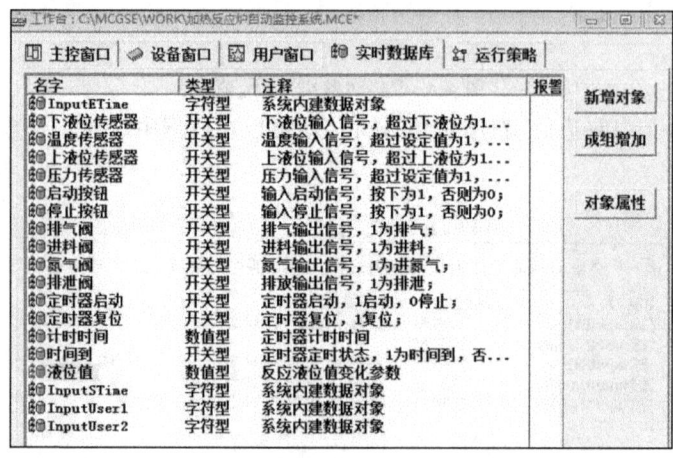

图 4-7 数据库添加的最终效果图

4.3 画面绘制

加热反应炉自动监控系统的工作原理是通过对反应炉内的温度、压力和液位值三个参数的实时监测,自动实现送料控制、加热控制和卸料控制。本系统通过压力变送器(压力传感器)、扩散硅压力变送器(液位传感器)和温度变送器(温度传感器)分别检测炉内压强、液位值和炉内温度,控制电磁阀的动作,实现送料、加热及卸料动作。

　　加热反应炉在工业生产的应用中非常普遍,本系统将利用 MCGS 组态软件绘制加热反应炉的基本构件,实现基本功能,系统画面的最终效果如图 4-8 所示。用户在将来实践或者工作期间,可以在本系统基础上添加自己想要的功能,使得监控系统更加完善。

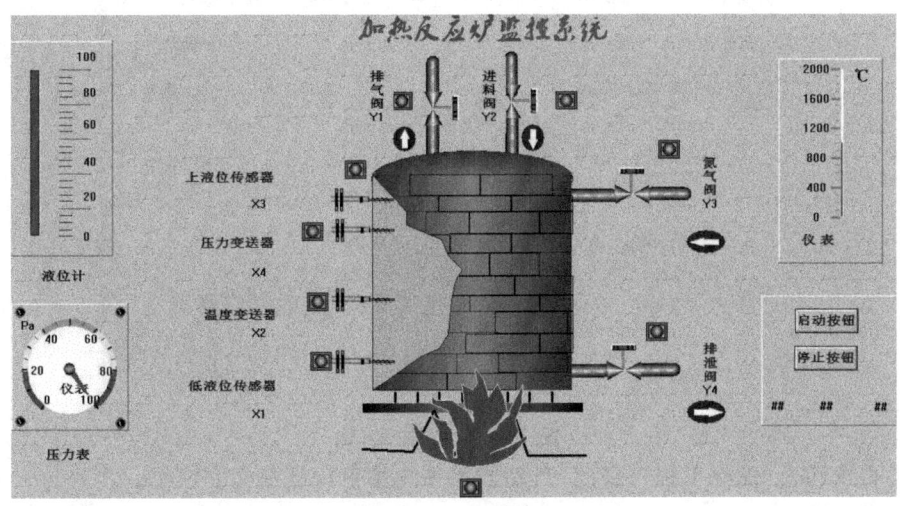

图 4-8　加热反应炉自动监控系统画面

4.3.1　画面的建立

　　(1) 单击工作台上的"用户窗口"图标,单击"新建窗口"按钮,用户窗口界面会马上出现新建的"窗口 0",如图 4-9 所示。

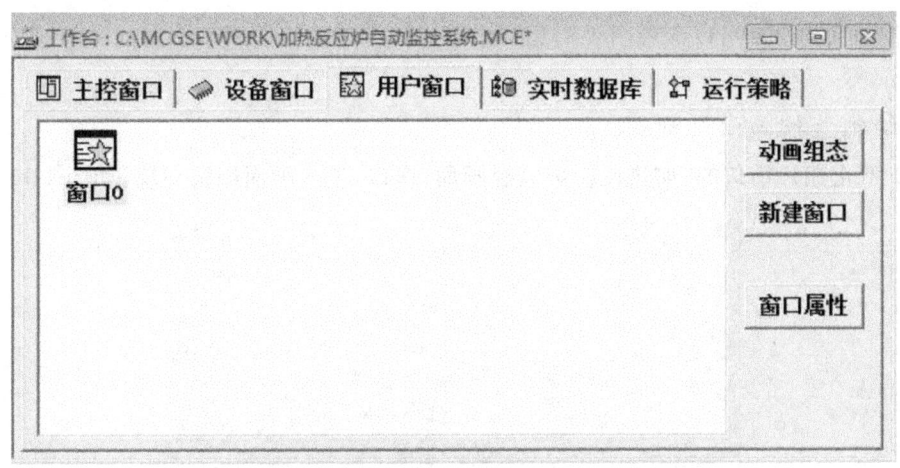

图 4-9　新建一个用户窗口

　　(2) 选择"窗口 0"后单击"窗口属性"按钮,或者单击鼠标右键选择"属性",进入"用户窗口属性设置"对话框,更改窗口名称为"加热反应炉监控画面",单击"确认"按钮。

　　(3) 单击主菜单下"保存工程"菜单项或者按存盘快捷键,用户窗口 0 的名称就会更改为步骤(2)中设置的名称。

(4) 选择"加热反应炉监控画面"这一用户窗口,单击鼠标右键,将该窗口"设置为启动窗口",这样做的目的是如果将来建立很多不同的用户窗口,当监控本系统时,该主窗口能优先显示,如图4-10所示。

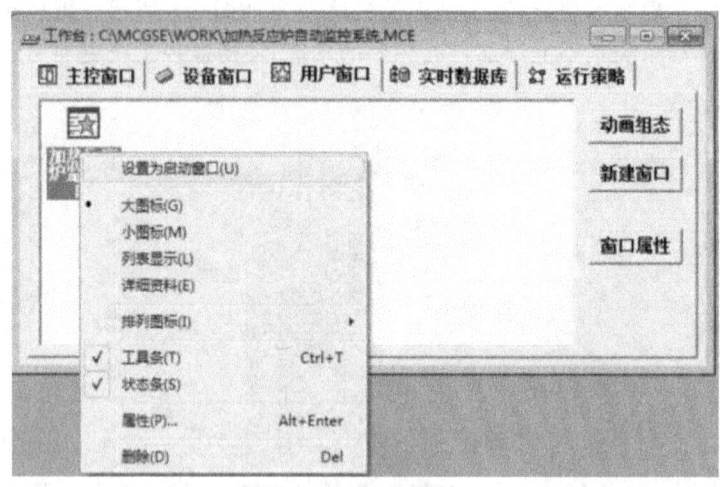

图 4-10　设置主窗口

(5) 再次单击"保存工程",到此,自动监控系统主窗口就建立完成了。

注意事项:

(1) 一定要养成存盘的习惯,如果发生意外情况,下次打开 MCGS 软件工程时还能继续进行后续的项目,否则一切又得重头来过;

(2) 务必将系统的主窗口设置为启动窗口,否则后续运行时,软件将不会加载任何窗口。

4.3.2　画面的绘制与优化

监控画面的绘制可以参考图4-8,用户也可以发挥想象绘制属于自己的监控画面。绘制步骤如下。

1.绘制监控画面主标题

(1) 双击用户窗口的"加热反应炉监控画面"窗口,进入画面编辑环境,如图4-11所示。

图 4-11　画面编辑环境

（2）单击"查看"菜单，在下拉菜单中勾选"工具条""状态条""绘图工具箱""绘图编辑条"，如图 4-12 所示。

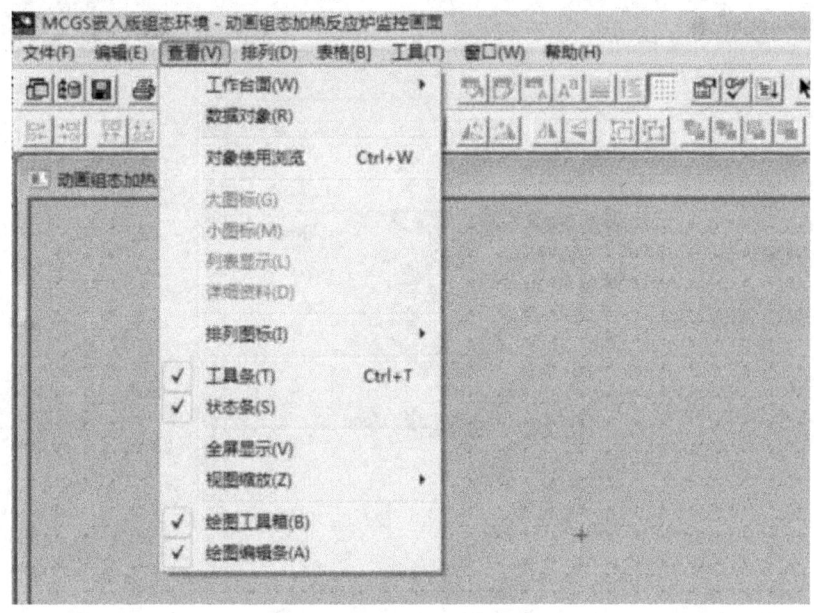

图 4-12　"查看"菜单的操作

（3）单击"工具箱"下的标签图标 **A**，当鼠标点变成十字时，在绘制平台合适位置（中间靠上）按住鼠标左键，拖拽鼠标，绘制一个长方形的编辑框，在编辑框中写入"加热反应炉监控系统"，如图 4-13 所示。

图 4-13　添加系统主标题

（4）单击主菜单下的工具条，分别对主标题进行设置。第一个图标为填充色，为主标题设置一个背景色，本系统为了使标题清晰，将主标题背景色设置为无填充色；第二个图标为编辑框边线颜色，本系统选择"没有边线"；第三个图标用于设置标题字体颜色，本系统将字符颜色设置为纯红色；第四个图标用于设置主标题的字符字体格式，本系统选择的是"叶根友毛笔行书 2.0 版""常规""三号"，如图 4-14 所示。

（5）单击"确认"按钮，主标题效果图如图 4-15 所示。

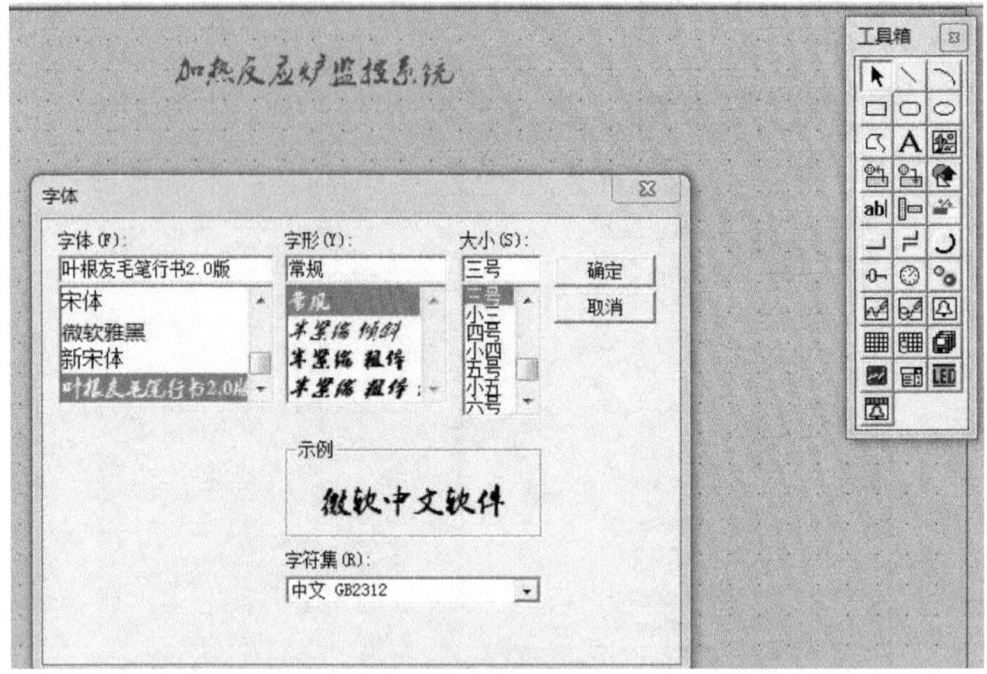

图 4-14　设置主标题格式

图 4-15　主标题效果图

注意事项：

（1）如果主标题位置不理想，可以单击标题，拖动编辑框到合适的位置；

（2）如果字符或者字体选择错误，可以单击工具条上的图标 ⊇ 进行撤销；

（3）如果想更改文字字符，可以选择编辑框，单击鼠标右键，选择该字符，那么又可以对该编辑框进行编辑了，记得保存。

2.绘制监控画面反应炉

（1）选择"工具箱"中的"插入元件"图标 ，在弹出的"对象元件库管理"对话框中，单击"反应器"，选择"反应器 10"，如图 4-16 所示。

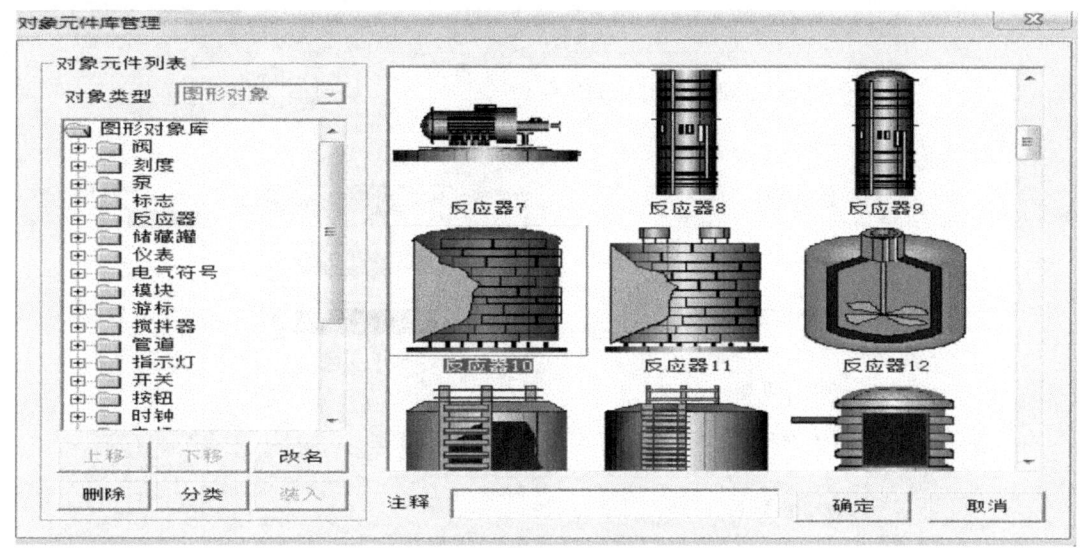

图 4-16　加热反应炉的选择

（2）单击"确定"按钮，加热反应炉就会出现在编辑平台上。

（3）选择该加热反应炉，它的四周会出现八个小方块，将鼠标箭头放置在小方块上，当鼠标箭头变为"↔"时，可以拖动鼠标，改变加热反应炉的大小。

（4）拖动该加热反应炉，将其放置在合适的位置。到此，加热反应炉就绘制完成了，最终效果图见图 4-17。

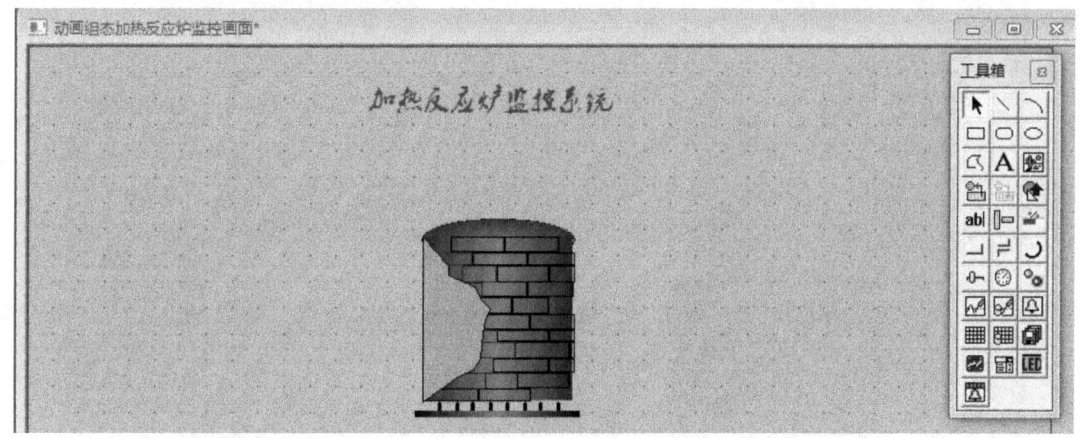

图 4-17　加热反应炉的最终效果图

3.流动管道及其控制阀门的绘制

1）流动管道的绘制

（1）选择"工具箱"中的"流动块"图标 ，在监控画面中绘制八条流动管道。

（2）双击流动管道，在弹出的"流动块构件属性设置"对话框的"基本属性"选项卡下，对"流动外观"做一些更改：将"块的长度""块间间隔""侧边距离"三个参数统一设置为 6，将"块的颜色"设置为蓝色，将"填充颜色"设置为灰色；将"边线颜色"设置为黑色，如图 4-18 所示。

（3）单击"确认"按钮，拖动八条流动管道，将其放置于合适的位置，如图 4-19 所示。

图 4-18　流动管道属性设置

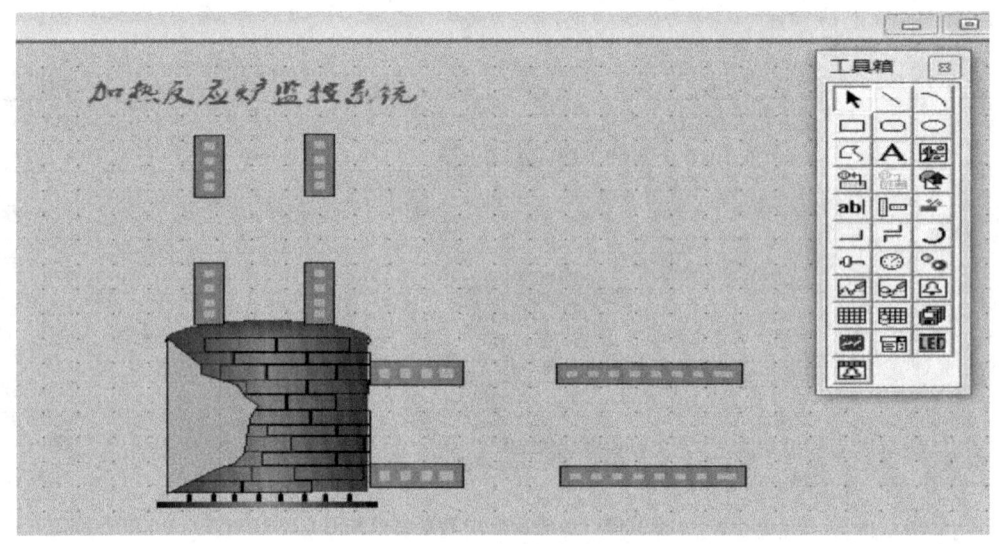

图 4-19　流动管道的位置放置

2）控制阀门的绘制

（1）选择"工具箱"中的"插入元件"图标，在弹出的"对象元件库管理"对话框中，单击"阀门"，选择"阀门10"。

（2）通过鼠标调整阀门的大小，复制四个阀门，拖动鼠标，将四个阀门放置于合适的位置。如果需要改变阀门的方向，可以通过工具条中的旋转按钮　　　　来实现。最终效果图如图 4-20 所示。

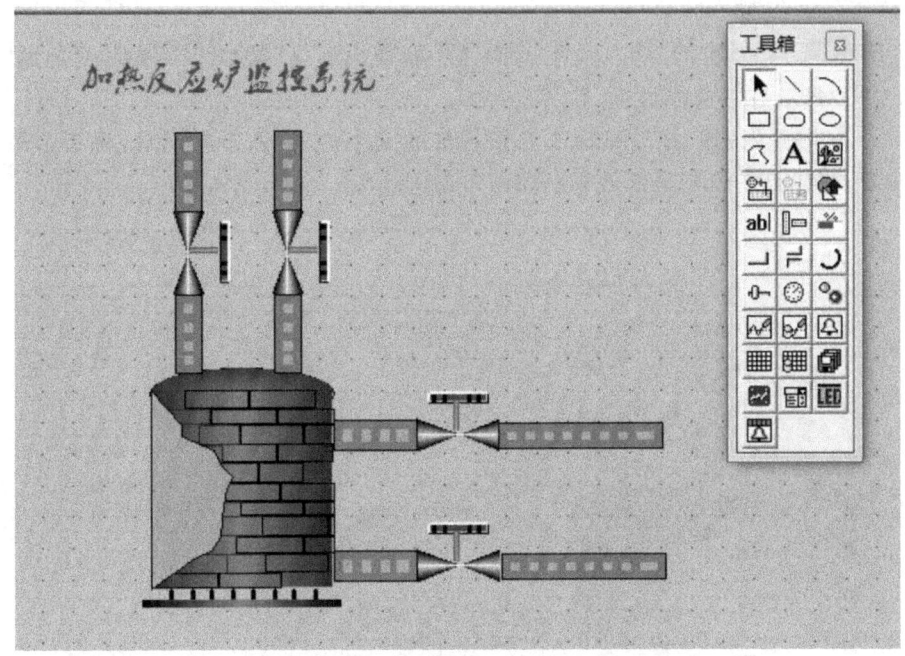

图 4-20　流动管道和阀门的绘制最终效果图

4. 传感器、指示灯、方向标志、加热装置的绘制

1）传感器的绘制

（1）选择"工具箱"中的"插入元件"图标 ，在弹出的"对象元件库管理"对话框中，拖动下拉条，单击"传感器"，选择"传感器 22"。

（2）单击"确认"按钮，拖动鼠标改变传感器的大小，复制三个传感器，将传感器放置于合适的位置，传感器的绘制最终效果图如图 4-21 所示。

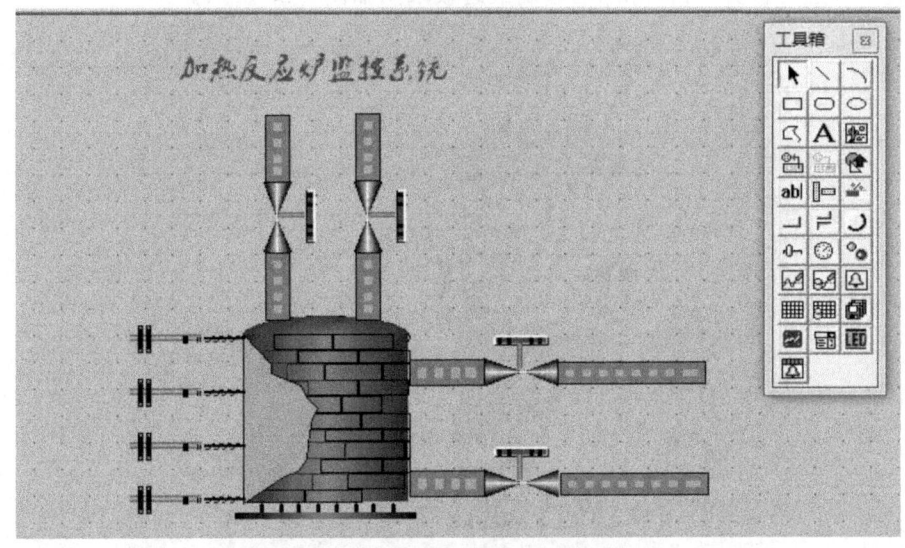

图 4-21　传感器的绘制最终效果图

2）指示灯的绘制

（1）选择"工具箱"中的"插入元件"图标 🖳，在弹出的"对象元件库管理"对话框中，拖动下拉条，单击"指示灯"，选择"指示灯 2"。

（2）单击"确认"按钮，拖动鼠标改变指示灯的大小，复制八个指示灯，将指示灯放置于合适的位置，指示灯的绘制最终效果图如图 4-22 所示。

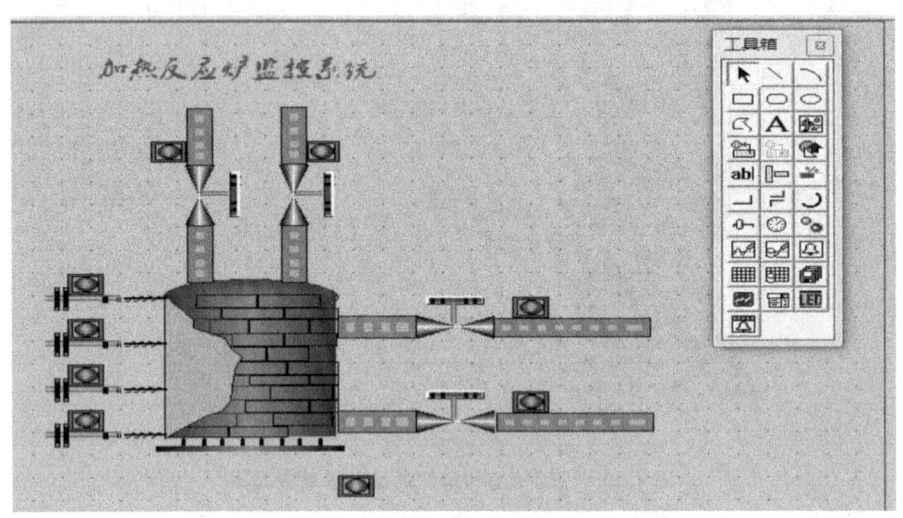

图 4-22　指示灯的绘制最终效果图

3）方向标志的绘制

（1）选择"工具箱"中的"插入元件"图标 🖳，在弹出的"对象元件库管理"对话框中，拖动下拉条，单击"标志"，选择"标志 30"（方向标志）。

（2）单击"确认"按钮，拖动鼠标改变方向标志的大小，复制三个方向标志图标，将方向标志放置于合适的位置，方向标志的绘制最终效果图如图 4-23 所示。

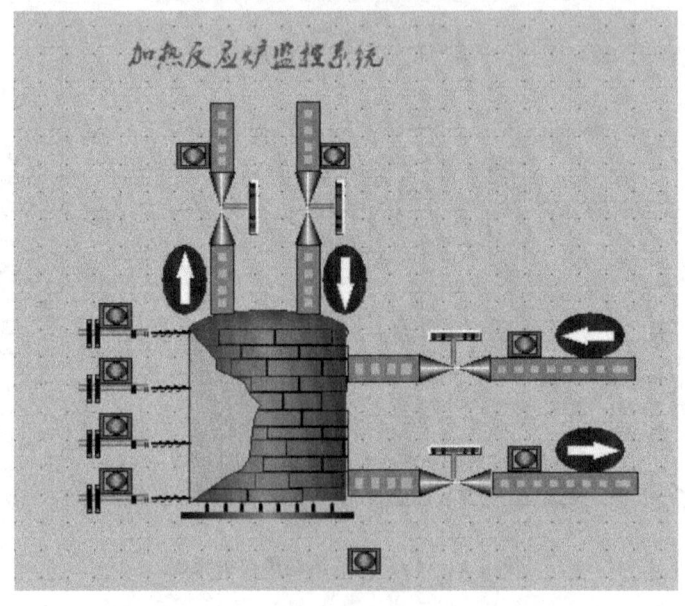

图 4-23　方向标志的绘制最终效果图

4) 加热装置的绘制

(1) 选择"工具箱"中的"插入元件"图标 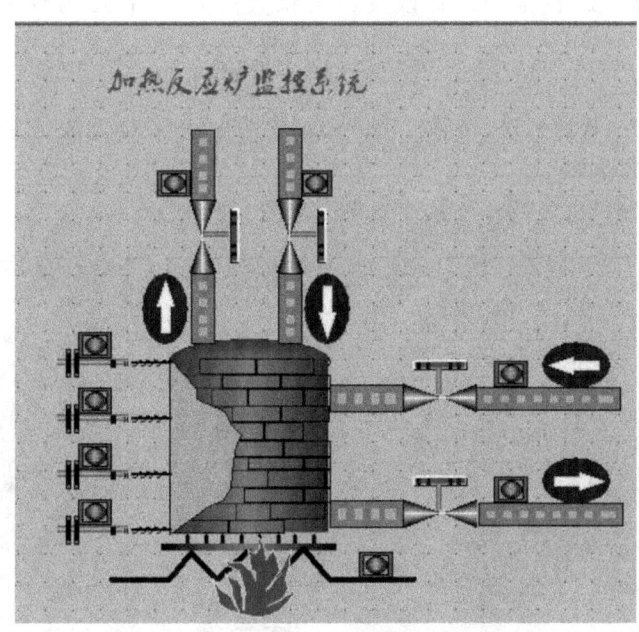,在弹出的"对象元件库管理"对话框中,拖动下拉条,单击"标志",选择"标志 3"(仿真加热火焰)。

(2) 单击"确认"按钮,拖动鼠标改变该标志的大小,将该标志放置于反应炉的正下方。

(3) 选择"工具箱"中的"多边形或折线"图标 ,在反应炉下绘制折线(仿真加热电阻丝),利用线型工具 ,将折线加粗。加热装置的绘制最终效果图如图 4-24 所示。

图 4-24　加热装置的绘制最终效果图

注意事项:

(1) 选择多个元件时应按住键盘的 Ctrl 键;

(2) 元件的大小是可以改变的,方法是选择该元件,当鼠标的箭头变成"↕"或者"↔"时,拖动该元件就可以改变元件的长度和宽度;

(3) 四个传感器应该向左对齐,合理利用工具条 ,可以将图形设计得更加对称美观;

(4) 图 4-24 中,利用"层叠工具条" ,可以实现将火焰图标放置在加热电阻丝的上面。

5. **仪器仪表的绘制和标签的添加**

1) 液位仪表的绘制

(1) 选择"工具箱"中的"插入元件"图标 ,在弹出的"对象元件库管理"对话框中,拖动下拉条,单击"仪表",选择"仪表 39"(液位仪表)。

(2) 单击"确认"按钮,拖动鼠标改变液位仪表的大小,将液位仪表放置于反应炉的右侧。

2) 温度仪表的绘制

(1) 选择"工具箱"中的"插入元件"图标 ,在弹出的"对象元件库管理"对话框中,拖动下拉条,单击"仪表",选择"仪表37"(温度仪表)。

(2) 单击"确认"按钮,拖动鼠标改变温度仪表的大小,将温度仪表放置于反应炉的右侧。

3) 压力仪表的绘制

(1) 选择"工具箱"中的"插入元件"图标 ,在弹出的"对象元件库管理"对话框中,拖动下拉条,单击"仪表",选择"仪表30"(压力仪表)。

(2) 单击"确认"按钮,拖动鼠标改变压力仪表的大小,将压力仪表放置于反应炉的右侧。

4) 标签的添加

(1) 在仪表下方、管道旁边、传感器上方添加说明标签,具体方法见主标题的绘制。

(2) 完成标签的添加。

仪器仪表的绘制和标签的添加最终效果图如图4-25所示。

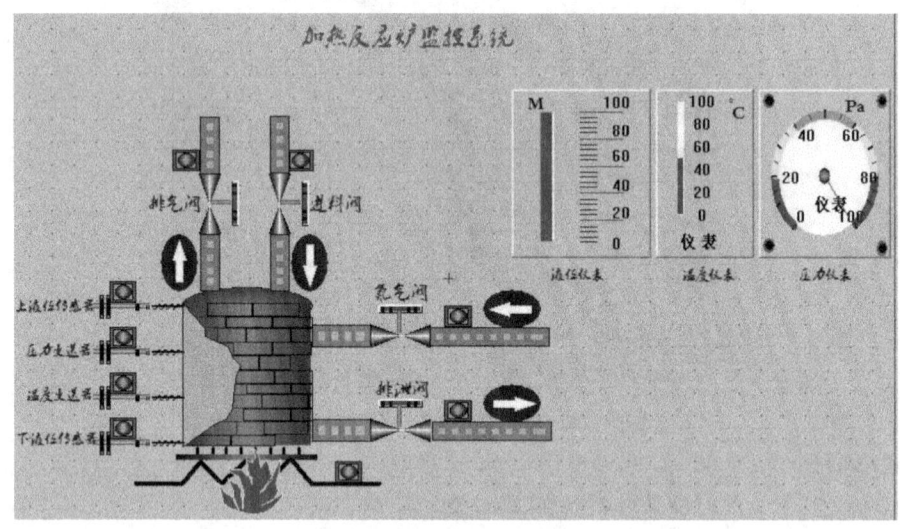

图4-25 仪器仪表的绘制和标签的添加最终效果图

6.按钮和定时器显示输出的绘制

(1) 单击"工具箱"中的"标准按钮"图标 ,在画面编辑框中,拖动鼠标绘制两个标准按钮。

(2) 双击一个按钮,在弹出的"标准按钮构件属性设置"对话框中,"基本属性"选项卡下,将文本名改为"启动按钮"。

(3) 单击"确认"按钮,将启动按钮的颜色设置为绿色。

(4) 利用同样的方法将另外一个按钮设置为"停止按钮",并将颜色设置为红色。

(5) 在按钮的上方绘制三个标签,在标签中输入三个"♯",方便后期定时器参数的显示(定时器输出框)。

(6) 单击"工具箱"中的"常见图符"图标 ,在弹出来的常见图符对话框中,选择"凸平面"图符,在按钮和定时器输出框上绘制一个凸型矩形,利用"层叠工具条" 将凸型矩形放置在按钮和定时器输出框的下方,如图4-26所示。

(7) 按钮和定时器显示输出的绘制最终效果图如图4-27所示。

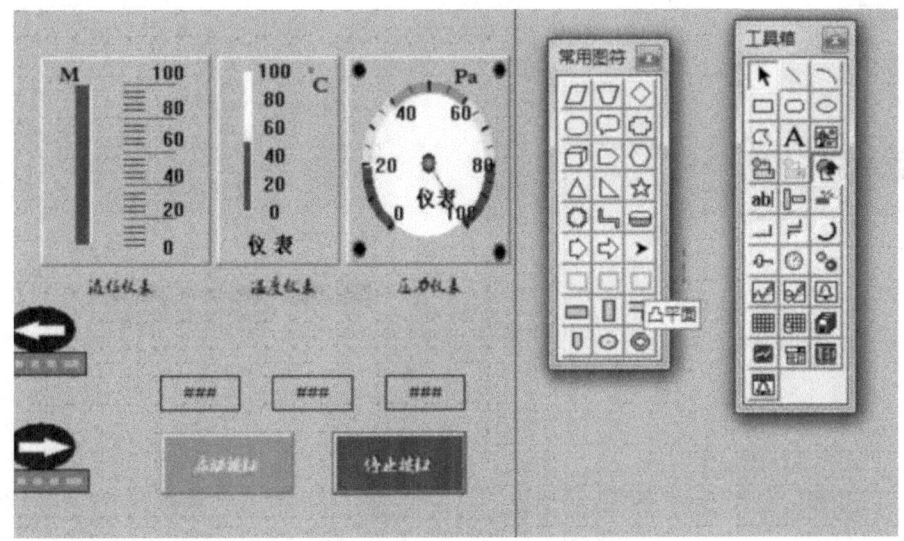

图 4-26　凸平面的绘制

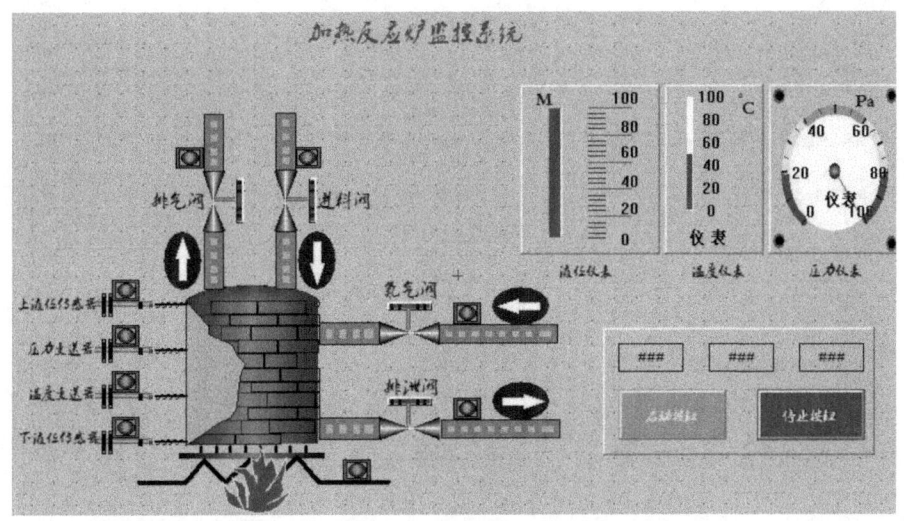

图 4-27　按钮和定时器显示输出的绘制最终效果图

4.4　动　画　连　接

1. 阀门的动画连接

（1）双击排气阀，弹出"单元属性设置"对话框，切换到"动画连接"选项卡。

（2）"动画连接"选项卡下，单击"矩形　颜色填充"这一栏，会出现"?"和"〉"按钮，如图 4-28 所示。

（3）单击"〉"按钮，弹出"动画组态属性设置"对话框，"填充颜色"选项卡下，表达式一栏，会出现"?"按钮，单击"?"按钮，如图 4-29 所示。

（4）弹出"变量选择"对话框，选择变量"排气阀"，单击"确认"按钮，如图 4-30 所示。

（5）在"动画连接"选项卡下，单击"矩形　按钮输入"这一栏，会出现"?"和"〉"按钮，如

图 4-31所示。

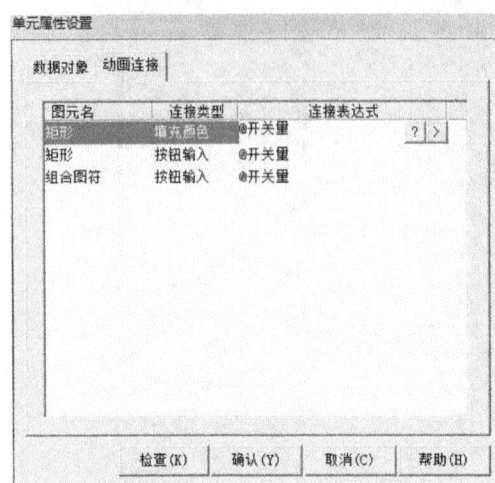

图 4-28 "矩形 填充颜色"的参数设置

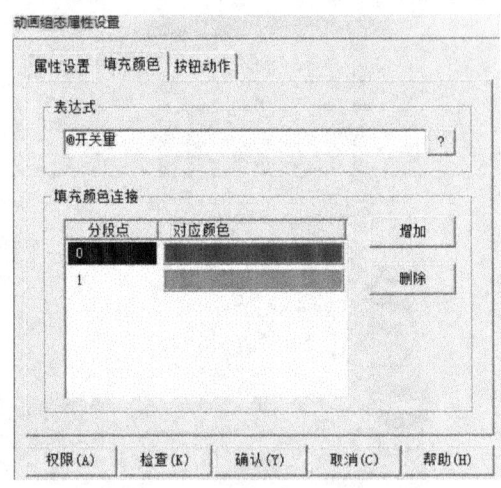

图 4-29 "填充颜色"属性设置

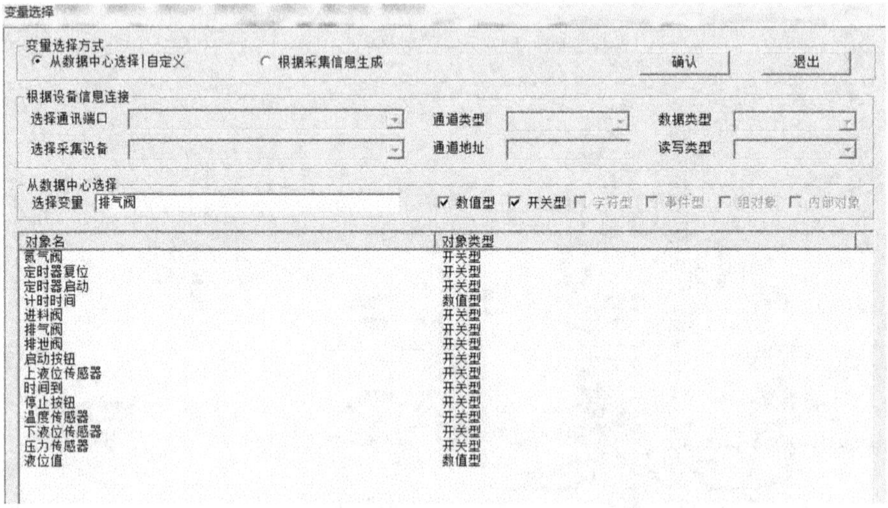

图 4-30 变量的选择

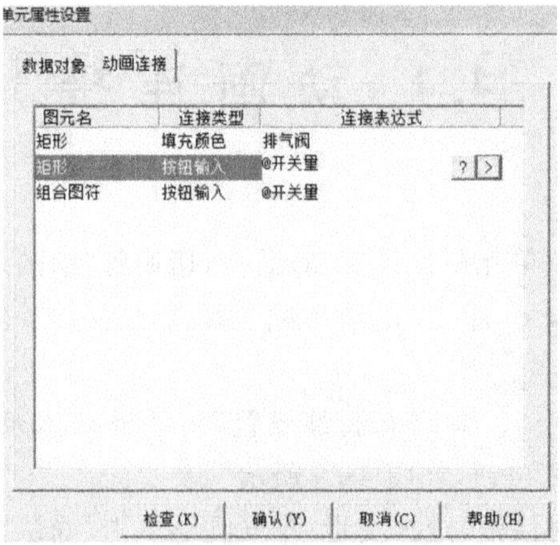

图 4-31 "矩形 按钮输入"的参数设置

（6）单击"〉"按钮，弹出"动画组态属性设置"对话框，在"按钮动作"选项卡下，勾选"数据对象值操作"，选择"取反"，单击"？"按钮，如图 4-32 所示。

（7）弹出"变量选择"对话框，选择变量"排气阀"，单击"确认"按钮。

（8）在"动画连接"选项卡下，单击"组合图符　按钮输入"这一栏，会出现"？"和"〉"按钮，如图 4-33 所示。

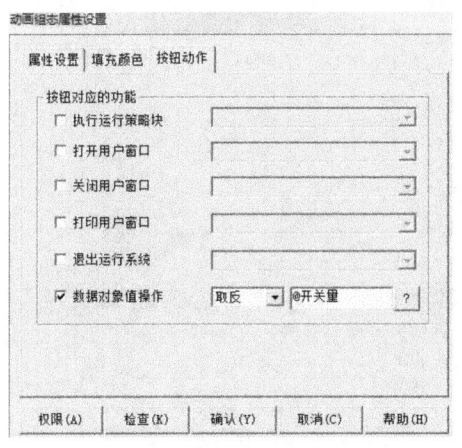

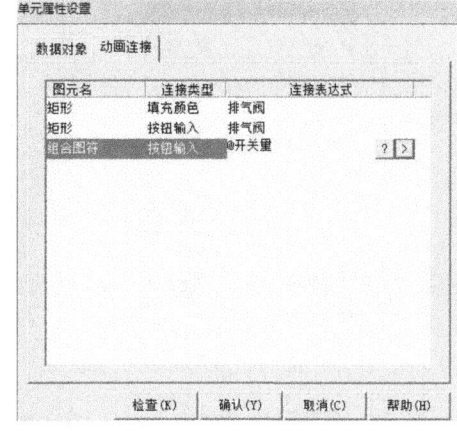

图 4-32　"按钮动作"属性设置　　　　图 4-33　"组合图符　按钮输入"的参数设置

（9）单击"〉"按钮，弹出"动画组态属性设置"对话框，在"按钮动作"选项卡下，勾选"数据对象值操作"，选择"取反"，单击"？"按钮。

（10）弹出"变量选择"对话框，选择变量"排气阀"，单击"确认"按钮。阀门的动画连接如图 4-34 所示。

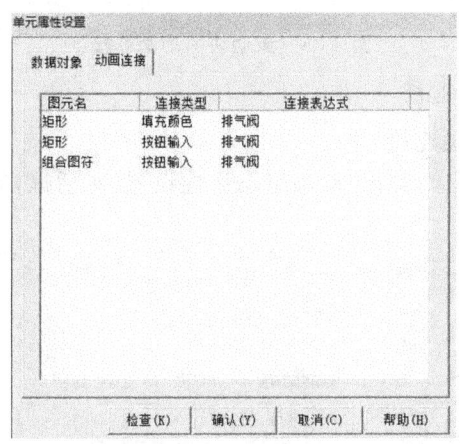

图 4-34　阀门的动画连接

（11）重复步骤（1）～（10），完成进料阀、氮气阀、排泄阀的动画连接设置。

2. 流动块的动画连接

（1）双击排气阀上方的流动块；弹出"流动块构件属性设置"对话框。

（2）在"流动属性"选项卡下的"表达式"一栏，单击"？"按钮。

（3）弹出"变量选择"对话框，选择变量"排气阀"，单击"确认"按钮。

（4）"排气阀"下方的流动块和上方的动画连接一样设置。

（5）重复步骤（1）~（4），完成与进料阀、氮气阀、排泄阀相连接的流动块的动画连接，如图 4-35 所示。

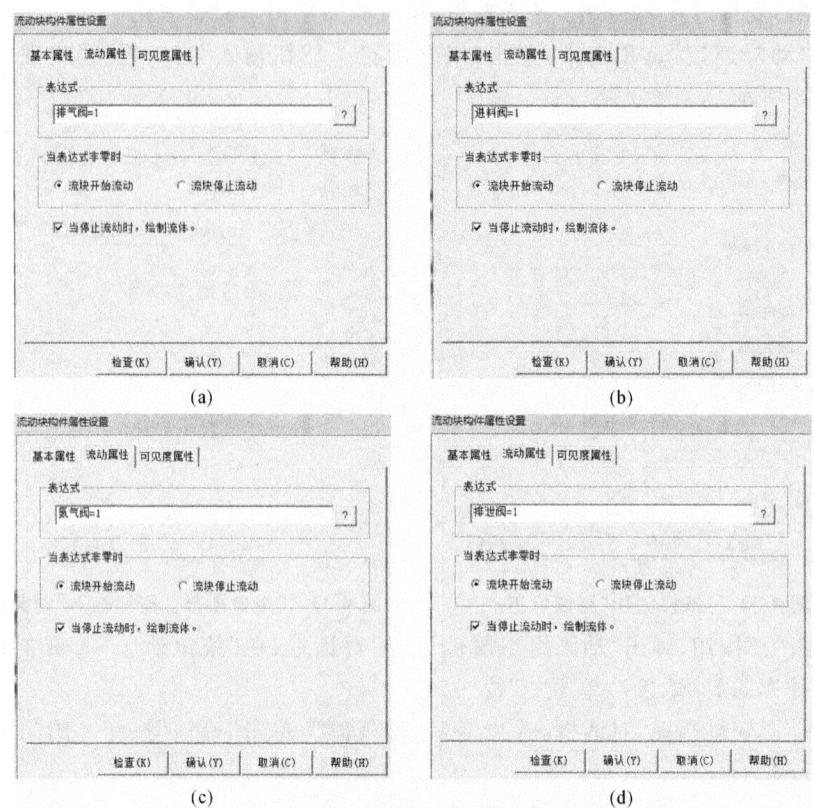

图 4-35　流动块的动画连接

3.方向标志的动画连接

排气阀方向标志的动画连接。

（1）双击排气阀方向标志，弹出"动画组态属性设置"对话框，勾选"闪烁效果"，如图 4-36 所示。

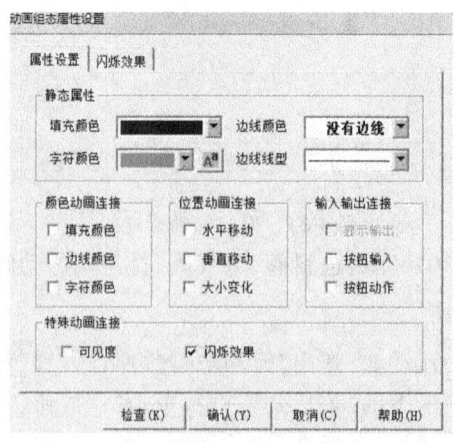

图 4-36　勾选"闪烁效果"

（2）单击"闪烁效果"选项卡，在"表达式"方框栏，单击"?"按钮，弹出"变量选择"对话框，选择"排气阀"。

（3）单击"确认"按钮，如图 4-37 所示，完成排气阀方向标志的动画连接。

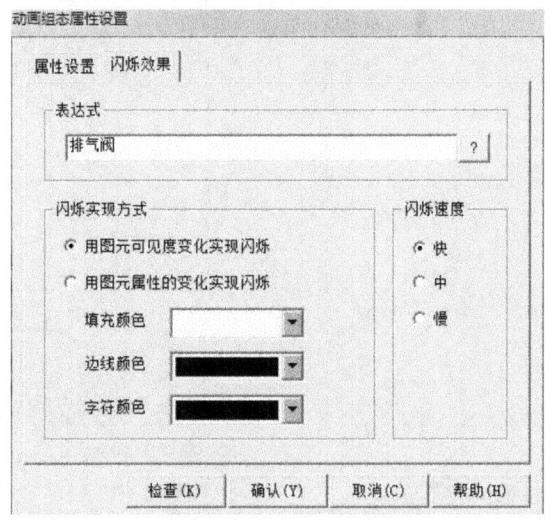

图 4-37　排气阀方向标志的动画连接

重复步骤（1）～（3），完成进料阀、氮气阀、排泄阀旁方向标志的动画连接。

4. 指示灯的动画连接

排气阀指示灯的动画连接。

（1）双击排气阀指示灯，弹出"单元属性设置"对话框。

（2）单击"可见度"，后面出现"?"按钮；单击"?"按钮，弹出"变量选择"对话框，选择"排气阀"。

（3）单击"确认"按钮，如图 4-38(a)所示，完成排气阀指示灯的动画连接。

重复步骤（1）～（3），完成进料阀、氮气阀、排泄阀、上液位传感器、压力传感器、温度传感器、下液位传感器等指示灯的动画连接，如图 4-38 所示。

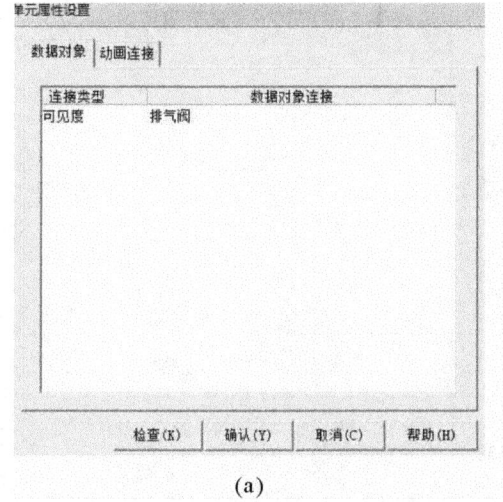

(a)

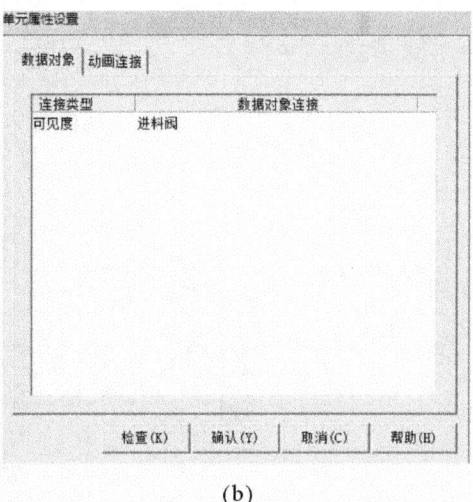

(b)

图 4-38　指示灯的动画连接

单元属性设置		单元属性设置	

数据对象 动画连接

连接类型	数据对象连接
可见度	氮气阀 ?

检查(K) 确认(Y) 取消(C) 帮助(H)

(c)

数据对象 动画连接

连接类型	数据对象连接
可见度	排泄阀 ?

检查(K) 确认(Y) 取消(C) 帮助(H)

(d)

数据对象 动画连接

连接类型	数据对象连接
可见度	上液位传感器 ?

检查(K) 确认(Y) 取消(C) 帮助(H)

(e)

数据对象 动画连接

连接类型	数据对象连接
可见度	压力传感器

检查(K) 确认(Y) 取消(C) 帮助(H)

(f)

数据对象 动画连接

连接类型	数据对象连接
可见度	温度传感器 ?

检查(K) 确认(Y) 取消(C) 帮助(H)

(g)

数据对象 动画连接

连接类型	数据对象连接
可见度	下液位传感器 ?

检查(K) 确认(Y) 取消(C) 帮助(H)

(h)

续图 4-38

5.加热炉的动画连接

（1）双击加热炉，弹出"单元属性设置"对话框，单击"动画连接"选项卡。

（2）单击"折线　大小变化"栏，会出现"？"和"＞"按钮，如图 4-39（a）所示。

（3）单击"＞"按钮，弹出"动画组态属性设置"对话框，在"表达式"一栏单击"？"按钮，弹出"变量选择"对话框，选择"液位值"。

（4）单击"确认"按钮，加热炉液位属性设置如图 4-39（b）所示。

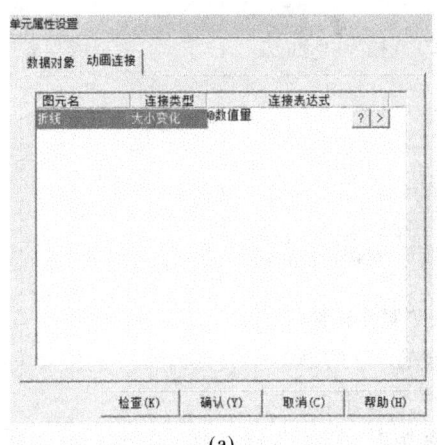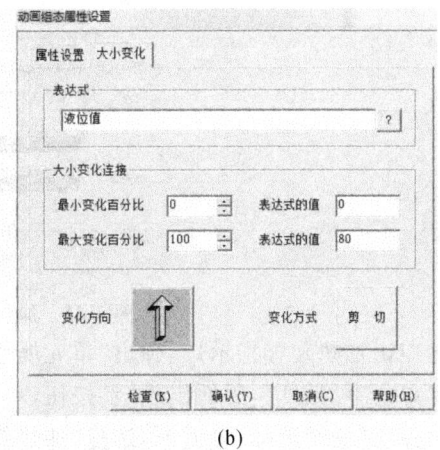

(a)　　　　　　　　　　　　　　　　(b)

图 4-39　加热炉的动画连接

6.加热装置的动画连接

加热装置由加热电阻丝、加热火焰、加热装置指示灯组成。

（1）双击加热电阻丝，弹出"动画组态属性设置"对话框。

（2）单击"边线颜色"选项卡，在"表达式"一栏，单击"？"按钮。

（3）弹出"变量选择"对话框，选择"加热炉电源"，单击"确认"按钮，加热电阻丝属性设置如图 4-40 所示。

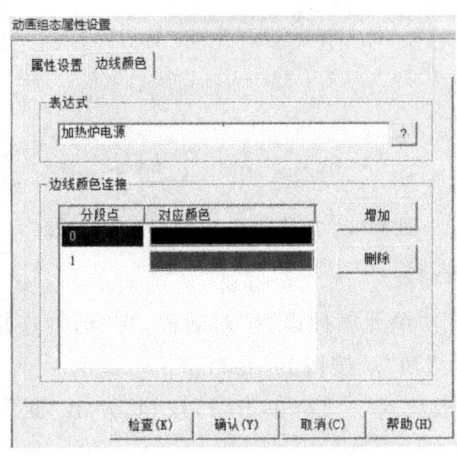

图 4-40　加热电阻丝属性设置

（4）双击加热火焰，弹出"动画组态属性设置"对话框。

（5）单击"闪烁效果"选项卡，在"表达式"一栏，单击"？"按钮。

（6）弹出"变量选择"对话框，选择"加热炉电源"，单击"确认"按钮，加热火焰属性设置如图 4-41 所示。

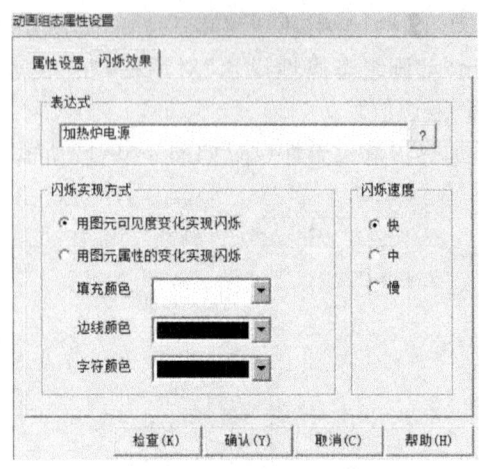

图 4-41　加热火焰属性设置

（7）双击加热装置指示灯，弹出"单元属性设置"对话框。

（8）单击"可见度"，后面出现"?"按钮，单击"?"按钮。

（9）弹出"变量选择"对话框，选择"加热炉电源"。

（10）单击"确认"按钮，加热装置指示灯动画连接完成，如图 4-42 所示。

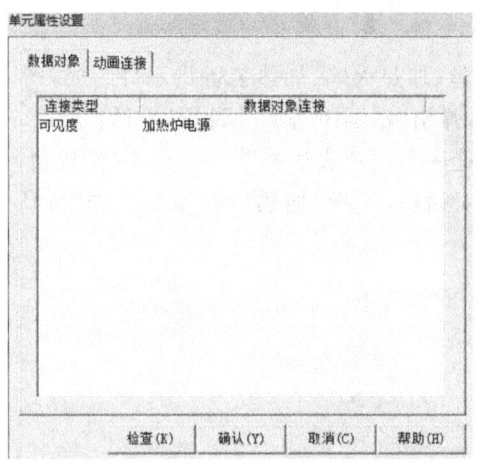

图 4-42　加热装置指示灯的动画连接

7. 仪器仪表的动画连接

（1）双击液位仪表，弹出"单元属性设置"对话框，在"动画连接"选项卡下，单击"矩形大小变化"一栏，可以见到"?"和"〉"按钮。

（2）单击"〉"按钮，在"表达式"一栏，单击"?"按钮，弹出"变量选择"对话框，选择"液位值"变量，如图 4-43（b）所示。

（3）单击"确认"按钮，液位仪表的动画连接完成。

（4）重复步骤（1）～（3），完成温度仪表、压力仪表的动画连接，连接效果如图 4-43 所示。

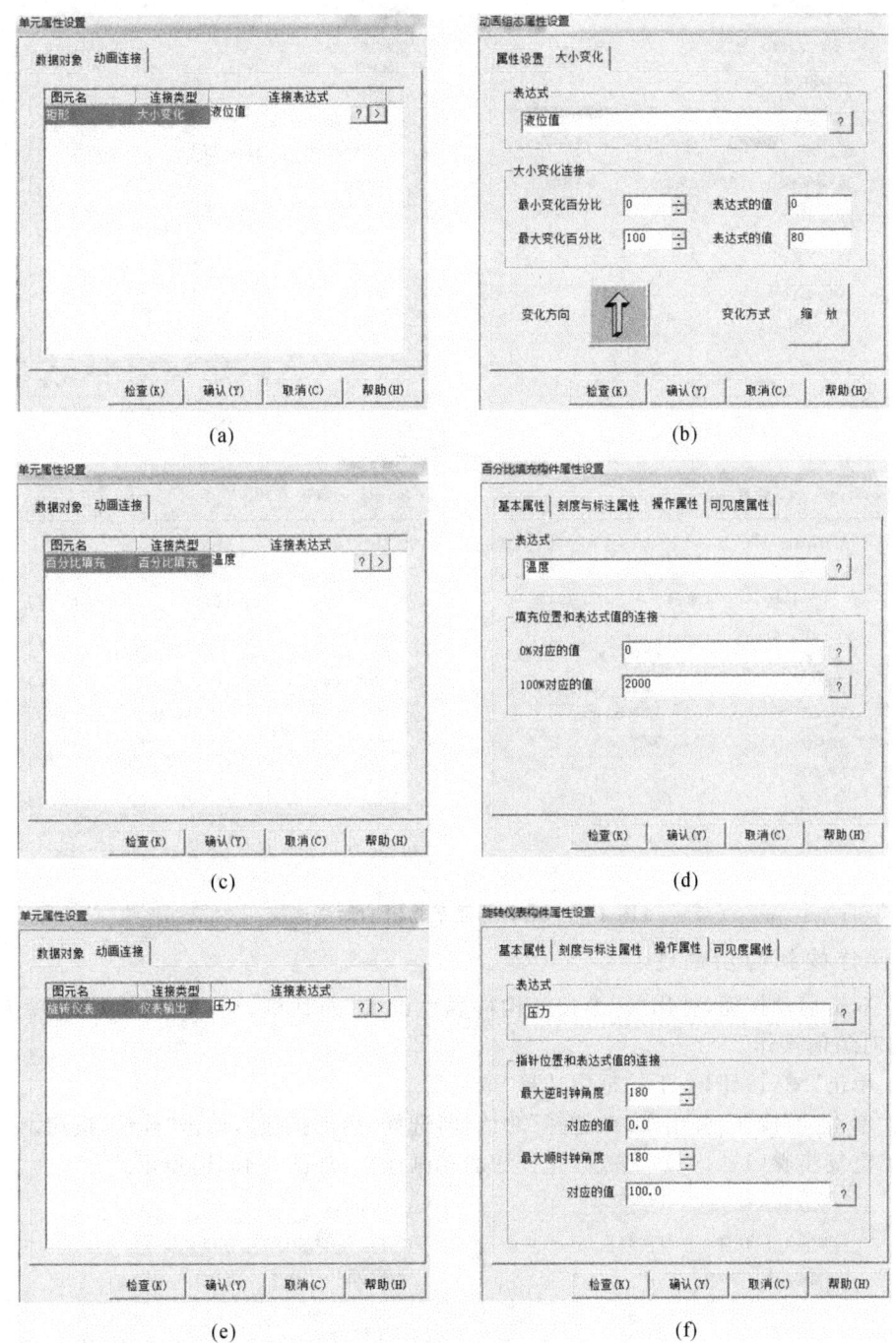

图 4-43　仪器仪表的动画连接

8. 定时器显示输出的动画连接

（1）双击定时器输入框，弹出"标签动画组态属性设置"对话框，在"表达式"一栏，单击 "?"按钮，弹出参数选择对话框，选择"时间到"，单击"确认"按钮，如图 4-44（b）所示。

（2）在"输出值类型"一栏，勾选"数值量输出"。

（3）在"输出格式"一栏，勾选"十进制"，小数位数选择"1"，单击"确认"按钮。

（4）重复步骤（1）～（3），完成其余两个定时器显示输出的动画连接，如图 4-44 所示。

图 4-44　定时器显示输出的动画连接

9. 操作按钮的动画连接

（1）双击启动按钮，弹出"标准按钮构件属性设置"对话框，在"操作属性"选项卡下，勾选"数据对象值操作"。

（2）单击"▼"按钮，在下拉框中选择"取反"。

（3）单击"?"按钮，弹出"参数选择"对话框，选择"启动按钮"，单击"确认"按钮。

（4）重复步骤（1）～（3），完成停止按钮的动画连接，如图 4-45（b）所示。

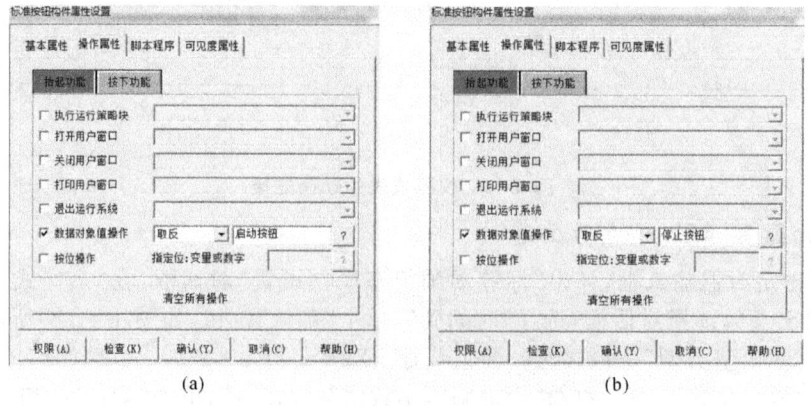

图 4-45　操作按钮的动画连接

4.5　编写脚本程序

控制要求规定：当液位值达到上液位时，应关闭排气阀和进料阀，10 s 后开启氮气阀；当加热过程结束后，应延时 10 s 后打开排气阀。整个系统需要两个定时的时间段，而这两个定时器的定时时间都是 10 s，所以，只需要设定一个 10 s 的定时器。MCGS 软件为用户提供了丰富的构件，可以利用定时器构件完成定时的功能。

4.5.1　定时器的设定

1．选择运行策略

（1）单击工作台图标 ，回到工作台界面。

（2）单击工作台窗口中的"运行策略"选项卡，进入"运行策略"窗口，如图 4-46 所示。"运行策略"窗口下，系统提供了"启动策略""退出策略""循环策略"三个策略项，本系统使用"循环策略"实现定时器的设定与脚本文件的编写。

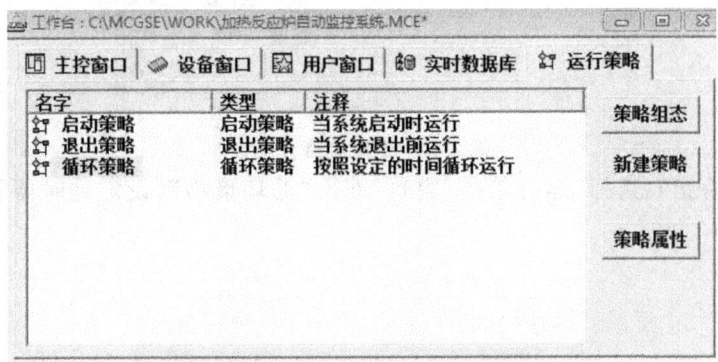

图 4-46　MCGS"运行策略"窗口

2．设定定时器

（1）选择"循环策略"，单击鼠标右键，在弹出的对话框中，选择"属性"，将循环时间由系统默认的 60000 ms，更改为 200 ms，即 0.2 s，单击"确认"按钮，如图 4-47 所示。

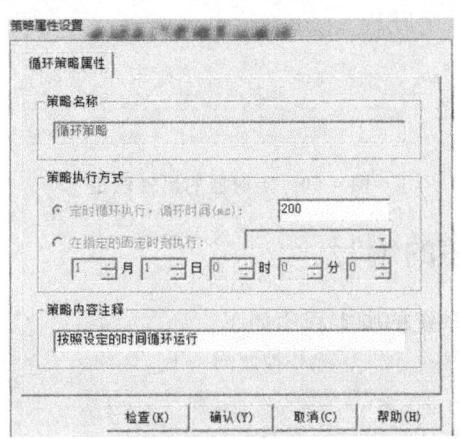

图 4-47　循环策略属性设置

（2）双击"循环策略"，在弹出的"策略组态：循环策略"对话框中，单击鼠标右键，选择"增加策略行"。本系统需要一个定时器，一个脚本文件，所以需要两个策略行，故增加两个策略行，如图4-48所示。

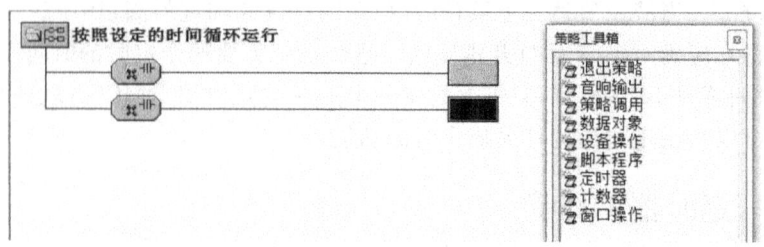

图 4-48　增加两个策略行

（3）单击第一个策略行后的小方框，在右边的"策略工具箱"中双击"脚本程序"；单击第二个策略行后的小方框，在右边的"策略工具箱"中双击"定时器"，如图4-49所示。

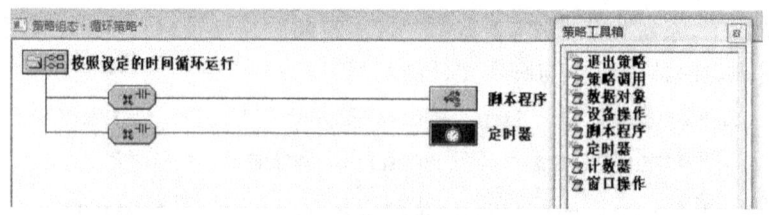

图 4-49　选定策略行内容

（4）单击"存盘"，选择"运行策略"窗口，双击"循环策略"，设定定时器属性，如图4-50所示。

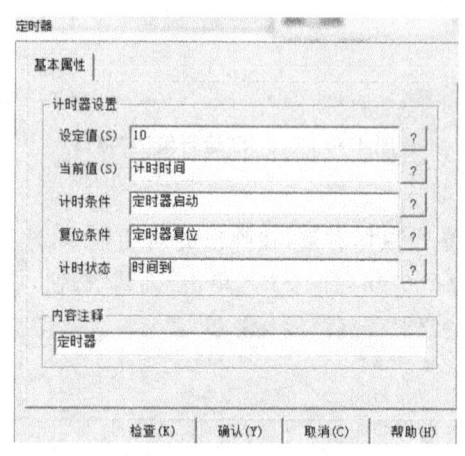

图 4-50　定时器的属性设定

4.5.2　脚本程序的编写

加热反应炉自动监控系统的脚本程序如下。

```
'*　　*　　*　　*　　*　　*　动作控制 *　　*　　*　　*　　*　　*

        IF 停止按钮 = 1 THEN
            排气阀 = 0
```

```
        进料阀= 0
        氮气阀= 0
        排泄阀= 0
        加热炉电源= 0
    ENDIF


IF 启动按钮= 1 THEN
    IF 阶段=  0 THEN
        IF 下液位传感器=  0 AND 温度传感器= 0 AND 压力传感器=  0 THEN
        排气阀= 1
        进料阀= 1
        ENDIF


            IF 上液位传感器= 1 THEN
        排气阀= 0
        进料阀= 0
        定时器启动 = 1
        ENDIF


            IF 时间到= 1 THEN
        氮气阀= 1
        ENDIF


            IF 压力传感器= 1 THEN
        氮气阀= 0
        阶段= 1
        定时器启动= 0
        ENDIF
    ENDIF


    IF 阶段= 1 THEN
        IF 温度传感器= 0 THEN
        加热炉电源= 1
        ENDIF


        IF 温度传感器= 1 THEN
        加热炉电源= 0
        定时器启动= 1
        阶段= 2
        ENDIF
    ENDIF


    IF 阶段= 2 THEN    '第三阶段
        IF 时间到= 1   THEN
```

```
            定时器启动= 0
            排气阀= 1
            排泄阀= 1
            ENDIF


        IF 压力= 0 THEN 排气阀 = 0


        IF 液位值= 0 THEN 排泄阀 = 0


        IF 排气阀= 0 AND 排泄阀 = 0 THEN 阶段= 0
        ENDIF
    ENDIF


    '*    *    *    *    * 水位变化动画效果 *    *    *    *    *    *    *


IF 进料阀= 1 THEN                    '进料阀开
        液位值= 液位值 +  0.5
        IF 液位值  > =  80 THEN
            液位值= 80
        ENDIF
ENDIF
        IF 液位值  > =  70 THEN
            上液位传感器= 1
        ELSE
            上液位传感器= 0
        ENDIF


IF 排泄阀=  1 THEN                    '排泄阀开
        液位值= 液位值 -  0.5
        IF 液位值 <  0 THEN
            液位值= 0
        ENDIF
ENDIF
        IF 液位值 < =  10 THEN
            下液位传感器= 0
        ELSE
            下液位传感器 = 1
        ENDIF
```

```
'*  *  *  *  *  压力变化 *  *  *  *  *  *

IF 氮气阀 = 1 THEN
   压力 = 压力 + 0.5
   IF 压力  >  100 THEN
      压力  =  100
   ENDIF
ENDIF


IF 排气阀 = 1 THEN
   压力 = 压力 - 0.5
   温度 = 温度 - 10
ENDIF


IF 压力 < 0 THEN
   压力 = 0
ENDIF


IF 压力  > 80 THEN
      压力传感器 = 1
ELSE
      压力传感器 = 0
ENDIF


'*  *  *  *  *  温度控制 *  *  *  *  *  *
IF 加热炉电源 = 1 THEN
   温度 = 温度 + 20
ENDIF


IF 温度 > 2000 THEN
   温度 = 2000
ENDIF


IF 温度  <  0 THEN
   温度 = 0
ENDIF


IF 温度 > 1800 THEN
   温度传感器 = 1
ELSE
   温度传感器 = 0
ENDIF
```

注意:以上程序新增加了温度、压力、阶段等多个数值变量,应在实时数据库中进行正确的变量添加。

习　题

一、论述题

1.什么是加热反应炉控制系统？它由哪几部分组成？

2.定时器的设定需要定义几个数据对象，分别表征什么含义？

3.如何改变流动块中液体的流向？

二、操作题

1.在加热反应炉自动监控系统中，加热电阻丝该如何设置？

2.请根据图 4-8 和书上的操作步骤，完成加热反应炉自动监控系统的界面设计、MCGS 数据对象定义、动画连接、脚本文件输入，实现模拟下载运行。

第5章 液体混合搅拌控制系统设计与实现

1. 教学内容

(1) 读懂控制要求,设计液体混合搅拌控制系统。

(2) 用 MCGS 组态软件进行画面制作和程序编写。

2. 教学重点

(1) 掌握运行策略中定时器的使用。

(2) 掌握加热器图元实现加热效果的步骤。

(3) 了解运行策略如何进行调试。

3. 教学难点

在 MCGS 中使用运行策略中的定时器。

5.1 控 制 要 求

在工业上常常需要进行液体的混合与搅拌。本章介绍以 MCGS 组态软件为开发平台设计液体混合搅拌控制系统,并拓展基于 PLC 和 MCGS 的混合搅拌控制系统。

如图 5-1 所示,要求实现以下控制要求。

(1) 初始状态容器是空的,各个阀门 Y1、Y2、Y3、Y4 状态均为 OFF,液位传感器 L1、L2、L3 状态均为 OFF,电动机(搅拌机)M 状态为 OFF,电炉加热器 H 状态为 OFF。

(2) 按下启动按钮 SB1,开始下列操作。

① Y1=ON ,液体 A 注入容器。当液面达到 L3 时,L3=ON,使 Y1=OFF,Y2=ON,即关闭 Y1 阀门,打开液体 B 的阀门 Y2。

② 当液面达到 L2 时,L2 为 ON,使 Y2=OFF,Y3=ON,即关闭 Y2 阀门,打开液体 C 的阀门 Y3。

③ 当液面达到 L1 时,L1 为 ON,使 Y3=OFF,M=ON,即关闭阀门 Y3,搅拌机 M 启动,开始搅拌。

④ 经 10 s 搅匀后,使 M=OFF,停止搅动,H=ON,电炉加热器开始加热。

⑤ 当混合液体温度达到某一指定值时,H=OFF,停止加热,使电磁阀 Y4=ON,开始放出混合液体,液面下降,L1、L2 依次从 ON 变为 OFF。

⑥ 液面低于 L3 时,L3 从 ON 到 OFF。再经过 10 s,容器放空,使 Y4=OFF,开始下一次循环。

⑦ 停止操作。按下停止按钮 SB2,系统无论处于什么状态,均停止当前工作。

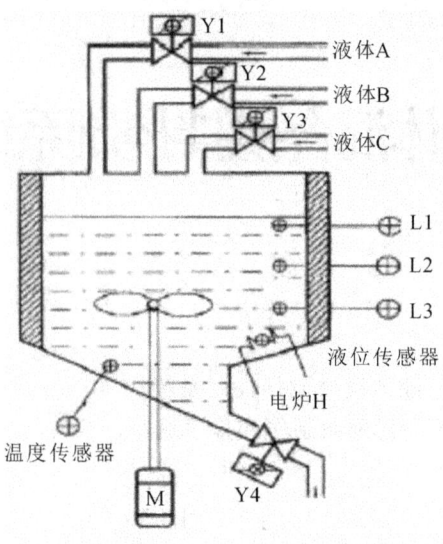

图 5-1 液体混合搅拌控制系统示意图

5.2 工程和实时数据库的建立

（1）单击"文件"→"新建工程"，工程另存为"液体混合搅拌控制系统.MCE"，并新建用户窗口。

（2）选择"实时数据库"窗口，参照表 5-1 建立实时数据库后，工程实时数据库窗口如图 5-2 所示。

表 5-1 工程实时数据库

对象名称	类型	注释
启动	开关型	SB1 按钮
停止	开关型	SB2 按钮
L1	开关型	液位传感器 L1
L2	开关型	液位传感器 L2
L3	开关型	液位传感器 L3
温度传感器 T	开关型	温度传感器 T
Y1	开关型	上料阀 Y1
Y2	开关型	上料阀 Y2
Y3	开关型	上料阀 Y3
Y4	开关型	放料阀 Y4
搅拌电机 M	开关型	搅拌电动机 M
加热器 H	开关型	电炉加热器 H

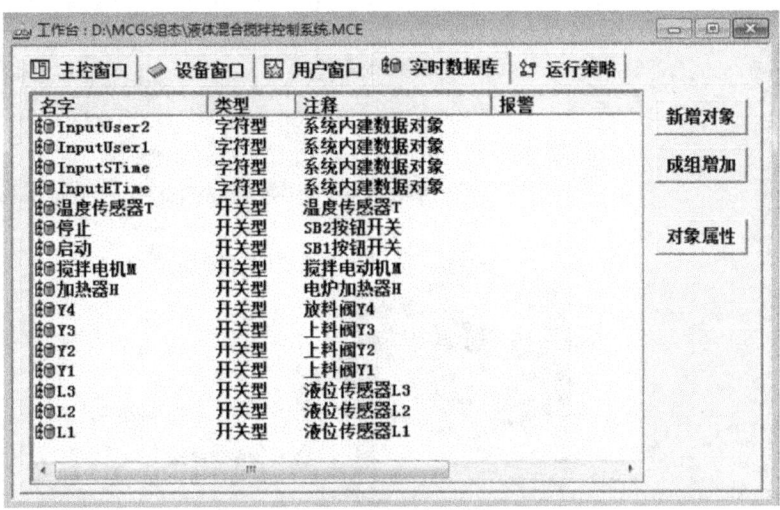

图 5-2　工程实时数据库窗口

5.3　画 面 绘 制

（1）在"用户窗口"中，双击"窗口 0"窗口图标，或者单击右侧"组态动图"按钮，进入动画组态窗口。单击工具条中的"工具箱"按钮，打开绘图工具箱。

（2）制作文字框。单击"工具箱"内的"标签"图标 **A**，在窗口中输入文字"液体混合搅拌控制系统"，可以双击该文字框打开属性对话框，设置文本框无边线、无填充，修改字体大小、颜色等。

（3）添加混料罐。单击"工具箱"内的"插入元件"图标，弹出"对象元件库管理"对话框，在"反应器"里选择"反应器 41"，单击"确定"按钮，在画面上调整其位置和大小。

（4）添加电磁阀。单击"工具箱"内的"插入元件"图标，弹出"对象元件库管理"对话框，在"阀"里选择"阀 52""阀 53"，单击"确定"按钮，在画面上调整其位置和大小。

（5）添加流动块。单击"工具箱"内的"流动块"图标，鼠标变为十字形，在窗口中单击左键，作为流动块起点，拖动一段距离后，单击左键，生成一段流动块。再沿原方向或垂直方向，生成下一段流动块。单击右键或者按 ESC 键，结束流动块绘制。双击流动块，在流动块"基本属性"设置对话框里，可以修改流动外观、方向和速度。

（6）添加标签。单击"工具箱"内的"标签"图标 **A**，对阀和液体进行文字标注，效果如图 5-3 所示。

（7）添加搅拌器。单击"工具箱"内的"插入元件"图标，弹出"对象元件库管理"对话框，在"搅拌器"里选择"搅拌器 2"，单击"确定"按钮，在画面中调整其大小和位置。

（8）添加马达。单击"工具箱"内的"插入元件"图标，弹出"对象元件库管理"对话框，在"马达"里选择"马达 10"，单击"确定"按钮，在画面中调整其大小和位置，标签标注"搅拌电机 M"。

（9）添加传感器。单击"工具箱"内的"插入元件"图标，弹出"对象元件库管理"对话

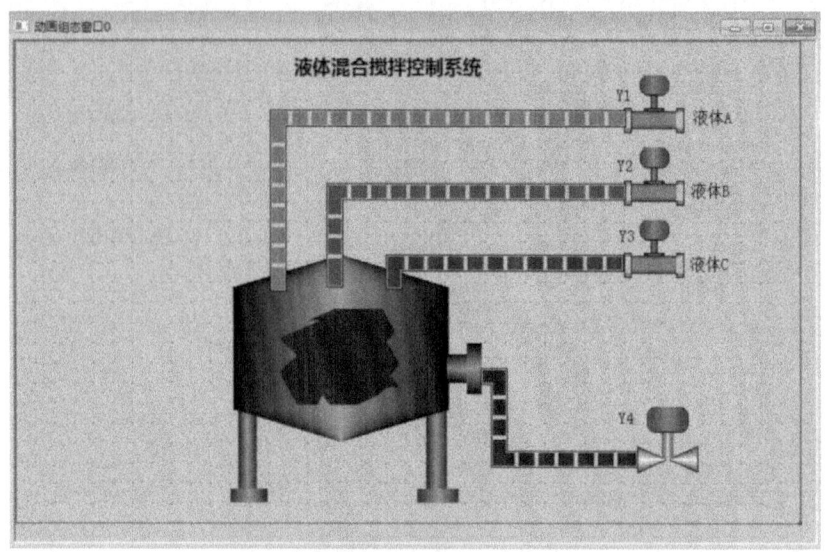

图 5-3　画面绘制 1

框,在"传感器"里选择"传感器 7""传感器 8",作为温度传感器 T 和液位传感器 L1、L2、L3,并做文本标注,效果如图 5-4 所示。

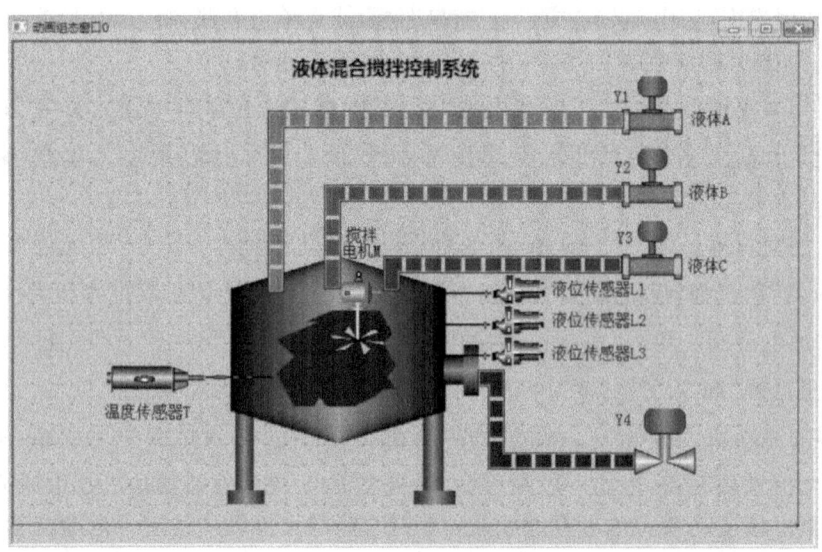

图 5-4　画面绘制 2

（10）添加加热器。单击"工具箱"内的"插入元件"图标 ,弹出"对象元件库管理"对话框,在"标志"里选择"标志 3",作为电炉加热器,单击"确定"按钮,在窗口中调整其大小和位置,标注"电炉加热器 H"。

（11）添加按钮。单击"工具箱"内的"标注按钮"图标 ,在窗口中放置两个按钮,分别修改按钮名称为"启动""停止"。

（12）添加"液体混合搅拌时间"标签。单击"工具箱"内的"标签"图标 **A**,绘制一个标签,并标注文字"液体混合搅拌时间"。

（13）添加"物料罐液位显示"输入框。单击"工具箱"内的"输入框"图标 **abl**,绘制一个输入框，并标注文字"物料罐液位显示"。画面绘制最后效果图如图 5-5 所示。

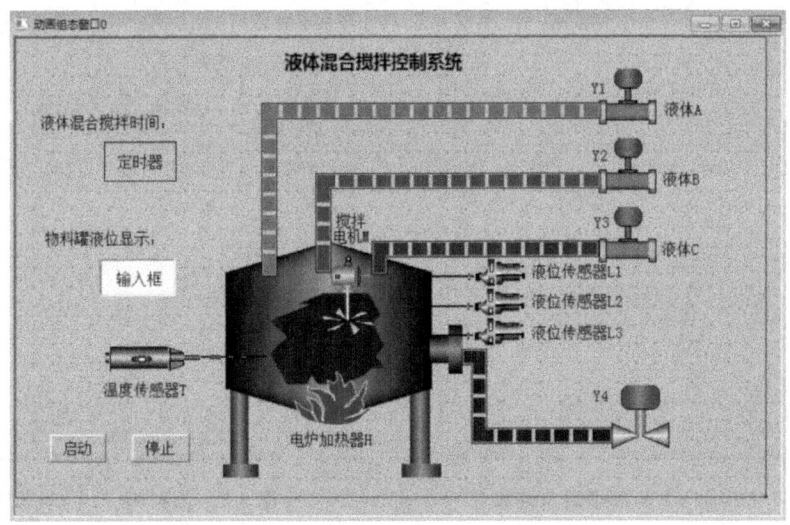

图 5-5　画面绘制最后效果图

5.4　动　画　连　接

（1）物料罐液位的连接。在实时数据库中，新建一个对象，名称为"物料罐液位"，类型为数值型。在用户窗口中，双击物料罐，弹出"单元属性设置"对话框，选择"数据对象"选项卡，单击"?"按钮，选择"物料罐液位"数据对象，如图 5-6 所示。

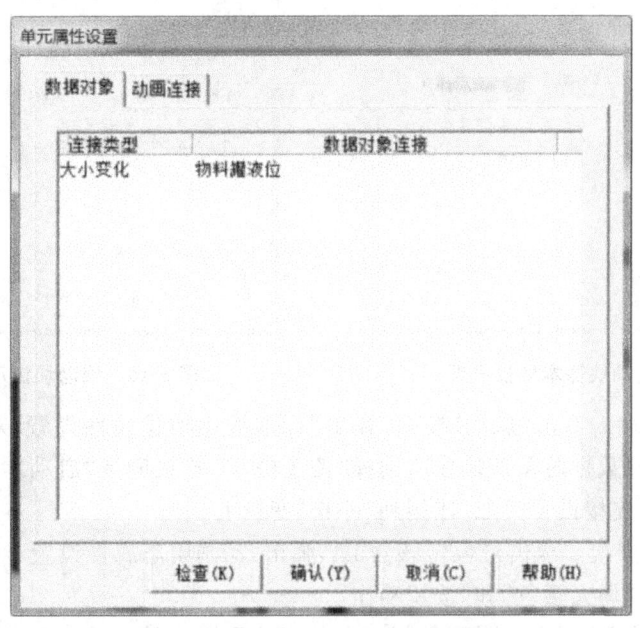

图 5-6　物料罐液位的数据对象连接

（2）阀的连接。双击上料阀 Y1，弹出"单元属性设置"对话框，将数据对象和动画连接选项卡中的所有变量都连接到数据对象"Y1"，分别如图 5-7 和图 5-8 所示。

其他 Y2、Y3、Y4 的连接设置类似。

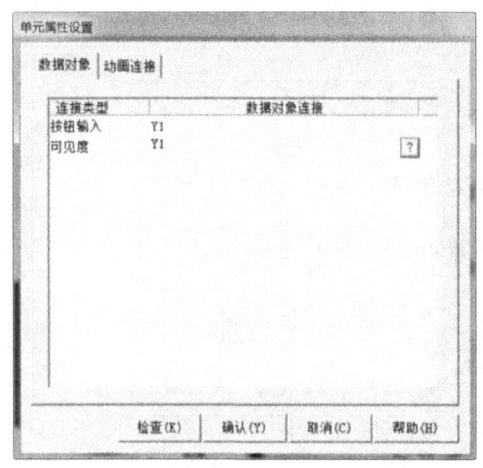

图 5-7　上料阀 Y1 的数据对象连接

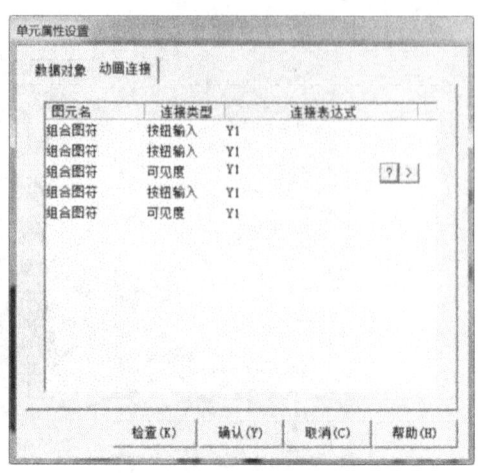

图 5-8　上料阀 Y1 的动画连接

（3）水流效果。双击 Y1 左侧的流动块,弹出"流动块构件属性设置"对话框,在"基本属性"选项卡中,按照图 5-9 进行设置。在"流动属性"选项卡中,连接数据变量"Y1",如图 5-10所示。注意不要做可见度属性设置。

其他 Y2、Y3、Y4 处水流效果设置类似。

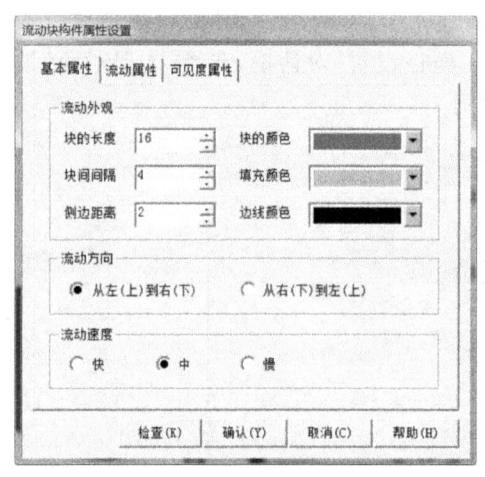

图 5-9　流动块基本属性设置

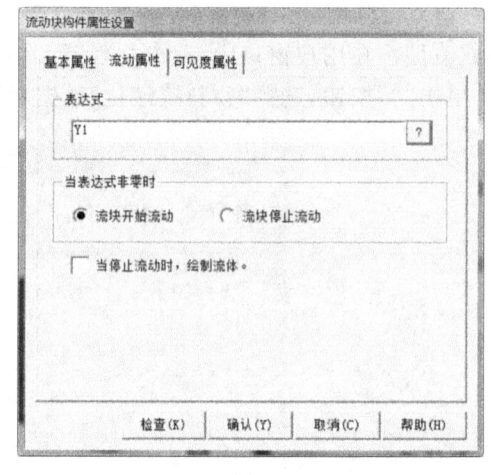

图 5-10　流动块流动属性设置

（4）按钮的连接。双击"启动"按钮,弹出"标准按钮构建属性设置"对话框,在"操作属性"选项卡中,勾选"数据对象值操作",选择"按 1 松 0",连接变量"启动",如图 5-11 所示。

"停止"按钮的连接设置类似,连接到"停止"变量上。

（5）传感器的连接。双击液位传感器 L1,弹出"动画组态属性设置"对话框。在"属性设置"选项卡中,勾选"填充颜色"和"按钮动作"。

单击"按钮动作"选项卡,选择"数据对象值操作",单击第 1 个下拉列表框的"▼",弹出按钮动作下拉菜单,单击"取反"。单击第 2 个下拉列表框的"?"按钮,弹出当前用户定义的所有数据对象列表,双击"L1",如图 5-12 所示。

在"动画组态属性设置"对话框中单击"填充颜色"选项卡。单击"?"按钮,在弹出的下拉

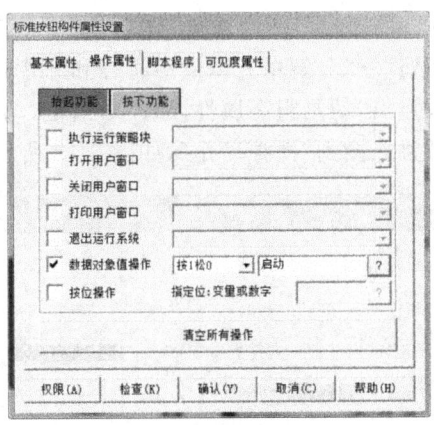

图 5-11　启动按钮设置

列表中选择"L1"。单击"增加"按钮,将"填充颜色连接"项中"0"对应颜色设为黑色,"1"对应颜色改为橄榄色,如图 5-13 所示。

用同样的方法建立液位传感器 L2、液位传感器 L3、温度传感器 T 与对应数据对象之间的动画连接。

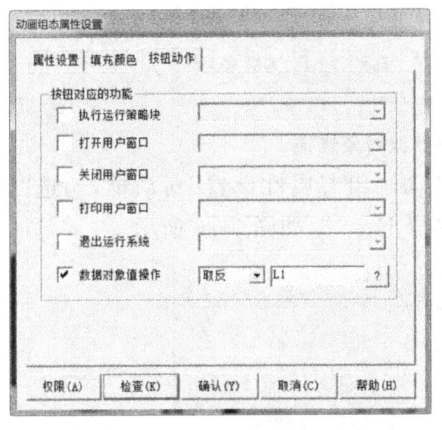

图 5-12　传感器按钮动作设置

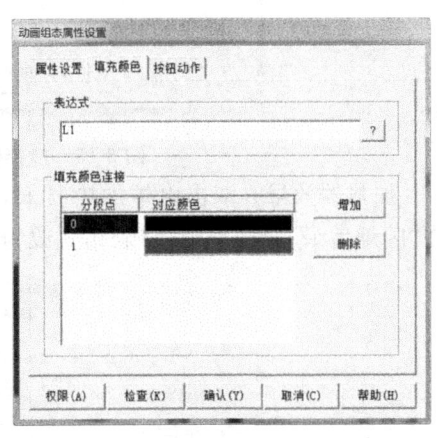

图 5-13　传感器填充颜色设置

（6）搅拌电动机的连接。双击"搅拌电机 M",弹出"单元属性设置"对话框,将数据对象连接到"搅拌电机 M",设置如图 5-14 所示。

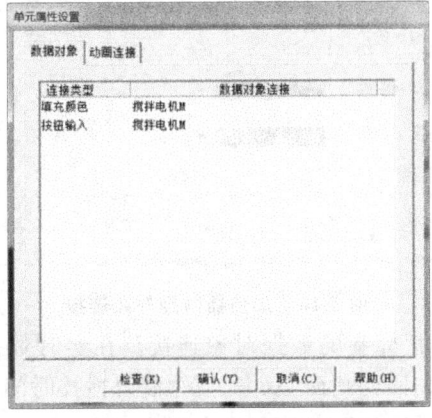

图 5-14　搅拌电动机的连接设置

（7）搅拌器效果。在实时数据库里新增对象，建立"搅拌动作"开关型数据。回到画面，右键单击"搅拌器"，选择"排列"→"分解单元"，然后将杆和叶片选中，单击右键，选择"排列"→"构成图符"，双击搅拌器，弹出"动画组态属性设置"对话框，勾选"可见度"和"闪烁效果"，并将这两个选项卡的数据对象连接到"搅拌动作"，如图 5-15 所示。

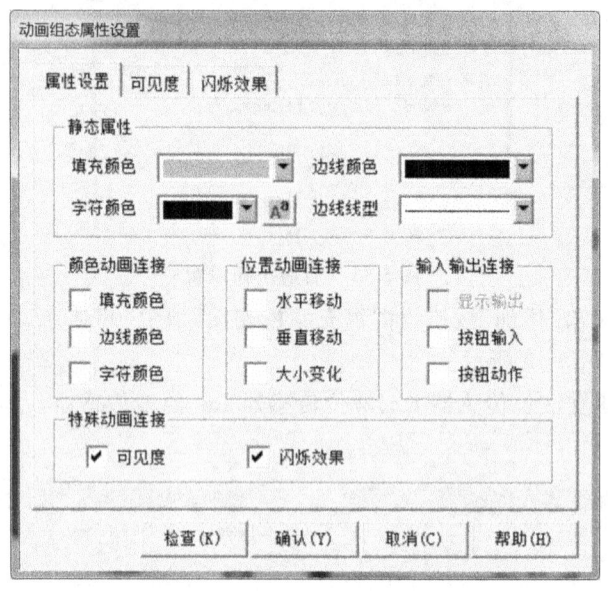

图 5-15　搅拌器动作数据对象连接

（8）加热器效果。双击电炉加热器 H，弹出"动画组态属性设置"对话框，勾选"闪烁效果"，在"闪烁效果"选项卡中，将表达式改为"加热器 H＝1"，如图 5-16 所示。

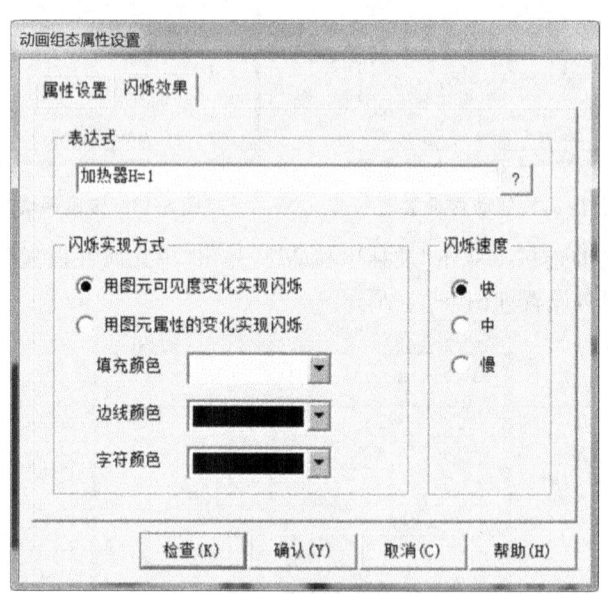

图 5-16　加热器数据对象连接

（9）"液体混合搅拌时间"标签的数据对象连接。在实时数据库里新增对象，名称为计时时间，数据类型为数值型。回到画面，双击"液体混合搅拌时间"标签，弹出"标签动画组态属性设置"对话框，选择"显示输出"选项卡，将表达式改为"计时时间"，如图 5-17 所示。

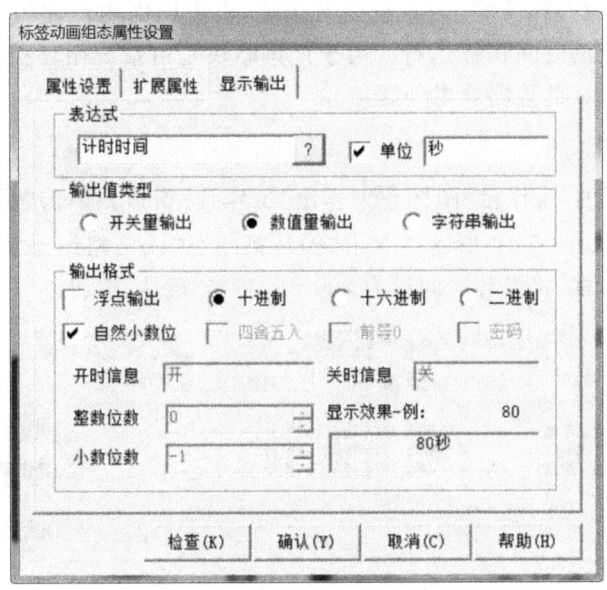

图 5-17　液体混合搅拌时间的数据对象连接

（10）添加"物料罐液位显示"输入框的数据对象连接。双击"物料罐液位显示"输入框，弹出"输入框构件属性设置"对话框，在"操作属性"选项卡中"对应数据对象的名称"中连接数据对象"物料罐液位"，如图 5-18 所示。

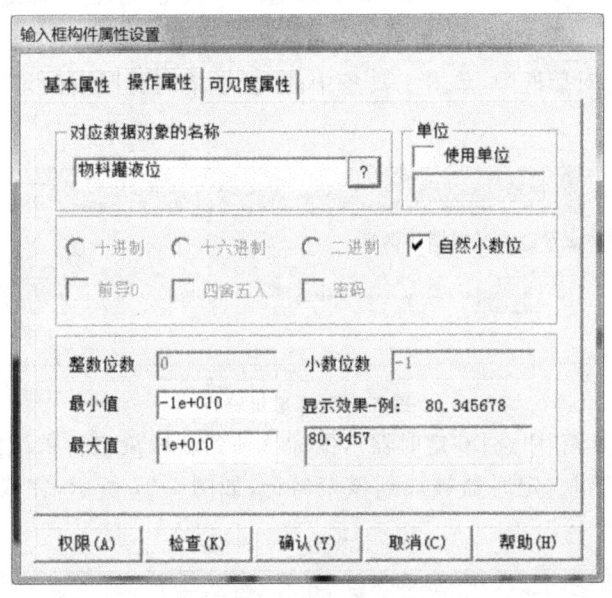

图 5-18　物料罐液位显示的数据对象连接

5.5　运行策略中定时器的设置

MCGS 系统的运行策略包括启动策略、退出策略和循环策略。"启动策略"为系统固有策略，在 MCGS 系统开始运行时自动被调用一次，一般在该策略中完成系统初始化功能。"退出策略"为系统固有策略，在退出 MCGS 系统时自动被调用一次，一般在该策略中完成系统善后处理功能。"循环策略"为系统固有策略,也可以由用户在组态时创建,在 MCGS 系统运行时按照设定的时间循环运行。由于该策略块是由系统循环扫描执行,故可以把关于流程控制的任务放在此策略块里处理。

1. 添加定时器

(1) 单击工具栏的"工作台"图标 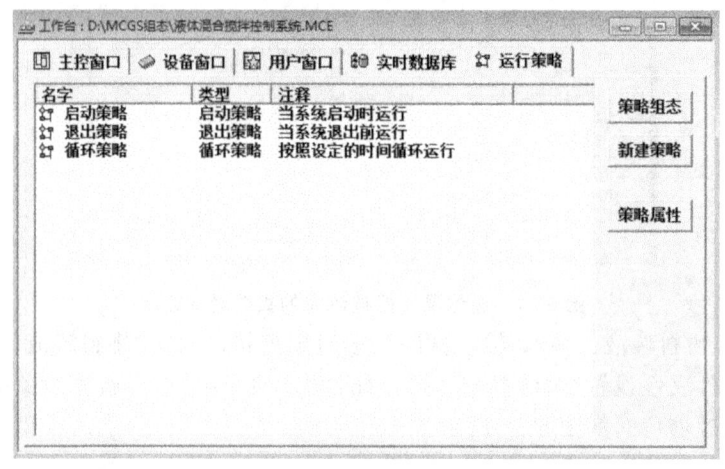,弹出"工作台"窗口。单击"运行策略"选项卡,进入"运行策略"窗口,如图 5-19 所示。双击"循环策略"进入策略组态窗口。双击图标进入"策略属性设置"对话框,将循环时间设为 200 ms,单击"确认"按钮。

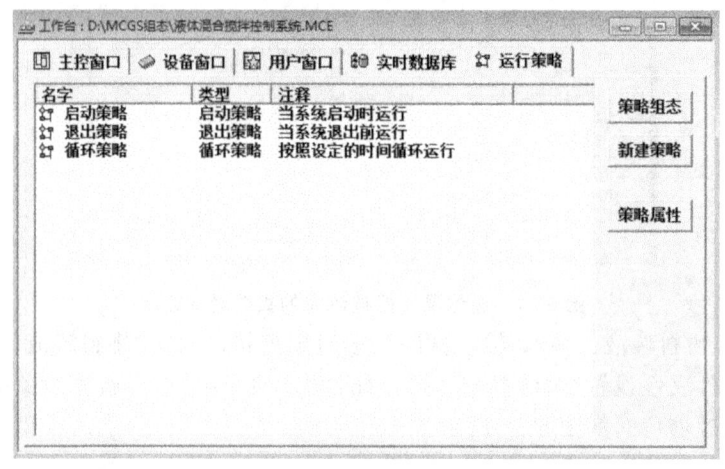

图 5-19 "运行策略"窗口

(2) 在策略组态对话框中,单击工具条中的"新增策略行"图标,增加一个策略行,如图 5-20 所示。

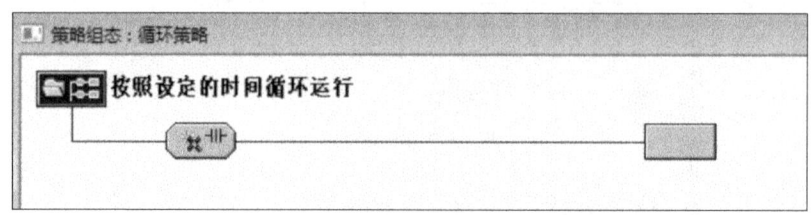

图 5-20 新增策略行

(3) 在"策略工具箱"中选择"定时器",鼠标移动到新增策略行末端的方块,此时光标变为小手形状,单击该方块,定时器被加到该策略行,如图 5-21 所示,完成在运行策略中添加定时器。

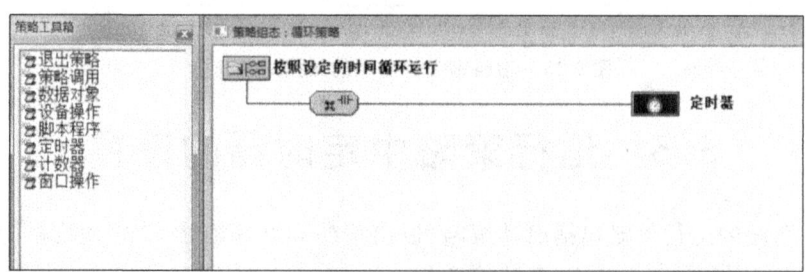

图 5-21 添加定时器策略

2. 新增定时器数据对象

定时器以时间作为条件,当达到设定的时间时,条件成立一次,否则不成立。定时器功能构件通常用于循环策略块的策略行中,作为循环执行功能构件的定时启动条件。为了更好地控制定时器的运行,新增 4 个数据对象,如表 5-2 所示。

表 5-2　新增定时器数据对象

对象名称	类型	初值	注释
定时器启动	开关型	0	控制定时器的启停
计时时间	数值型	0	定时器计时时间(前面已经建立)
时间到	开关型	0	定时器定时时间到为 1,否则为 0
定时器复位	开关型	0	为 1 时定时器复位,重新计时

(1)定时器属性设置。

双击新增策略行末端的定时器方块,弹出"定时器"对话框,按照图 5-22 设置定时器参数。"设定值"一栏填入 50,表示定时器设定时间为 50 s。"当前值"一栏中,单击对应"?"按钮,在弹出的数据对象列表中双击"计时时间",此时"当前值"表示定时器计时时间的当前值。"计时条件"一栏中,单击对应"?"按钮,双击"定时器启动",表示该对象为 1 时,定时器开始计时;为 0 时,停止计时。"复位条件"一栏中,单击对应"?"按钮,双击"时间到",当计时时间超过设定时间时,"时间到"对象将为 1,否则为 0。"内容注释"一栏中填入"定时器"。单击"确认"按钮。

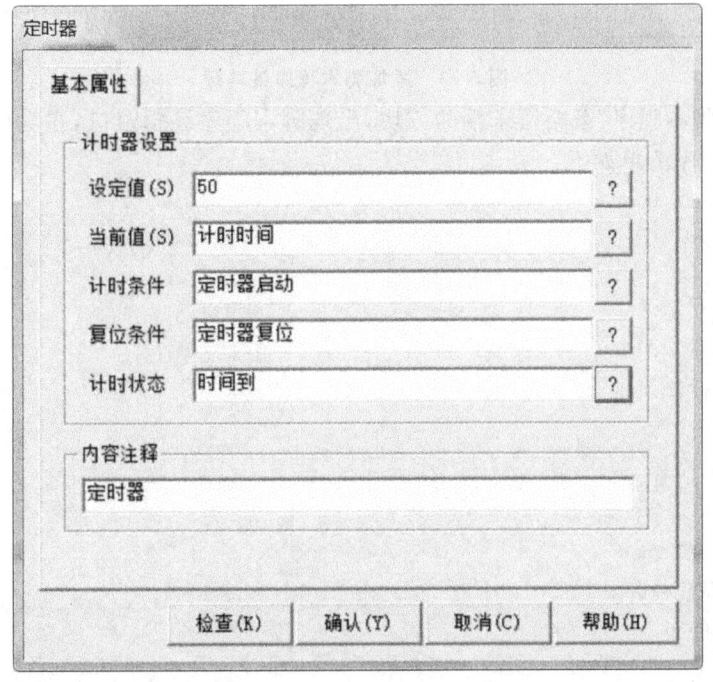

图 5-22　定时器基本属性设置

（2）定时器特性观察。

为了更方便地观察定时器的时间，在组态画面"液体混合搅拌时间"对应的标签上，可以方便地显示出定时器的定时过程。

5.6　编写脚本程序

（1）根据液体混合搅拌系统要求，完成一个循环需 50 s，首先将定时器定时时间值修改为 50。

（2）将脚本程序添加到策略行。进入循环策略组态窗口，单击工具条中的"新增策略行"图标，增加一个新策略。在"策略工具箱"中选择"脚本程序"，鼠标移动到新增策略行末端的方块，此时光标变为小手形状，单击该方块，脚本程序被加到该策略行。单击该策略行，单击工具栏上的"向上移动"按钮，脚本程序行移到定时器上，如图 5-23 所示。

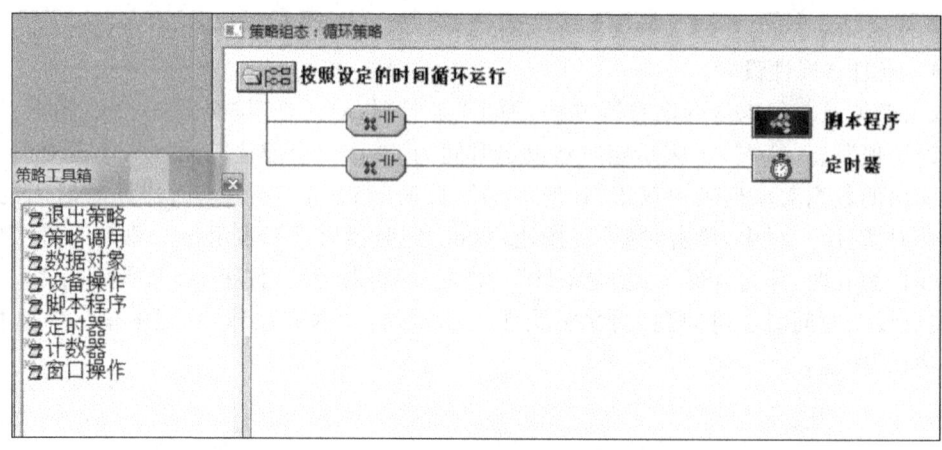

图 5-23　添加脚本程序策略行

（3）双击"脚本程序"策略行末端的方块，出现脚本程序编辑窗口，在窗口中输入脚本程序。参考脚本程序清单如下：

```
if 停止 = 1 then
启动 = 0
  Y1 = 0
  Y2 = 0
  Y3 = 0
  Y4 = 0
  L1 = 0
  L2 = 0
  L3 = 0
温度传感器 T = 0
物料罐液位 = 0
加热器 H = 0
搅拌电机 M = 0
搅拌动作 = 0
定时器复位 = 1
```

```
endif

if Y1= 1 OR Y2= 1 OR Y3= 1   then
物料罐液位= 物料罐液位+ 1
endif

if 启动= 1 then
停止= 0
  Y1= 1
  搅拌电机 M= 0
endif

if L3= 1 then
  Y3= 0
  Y2= 1
  Y1= 0
  搅拌电机 M= 0
endif

if L2= 1 then
  Y3= 1
  Y2= 0
  Y1= 0
搅拌电机 M= 0
endif

if L1= 1 then
  Y3= 0
  Y2= 0
  Y1= 0
搅拌电机 M= 1
endif

if 搅拌电机 M= 1 then
搅拌动作= 1
定时器启动= 1
定时器复位= 0
else
搅拌动作= 0
endif

if 计时时间> = 10 then
加热器 H= 1
endif
```

```
if 加热器 H= 1 then
搅拌电机 M= 0
搅拌动作= 0
定时器复位= 1
定时器启动= 0
endif

if 温度传感器 T= 1 then
  Y4= 1
  Y3= 0
  Y2= 0
  Y1= 0
加热器 H= 0
定时器复位= 1
搅拌动作= 0
endif


if Y4= 1 then
  L1= 0
物料罐液位= 物料罐液位- 1
搅拌动作= 0
定时器复位= 1
endif

if 物料罐液位< 1 then
  Y4= 0
  L1= 0
  L2= 0
  L3= 0
加热器 H= 0
温度传感器 T= 0
endif
```

5.7　模拟仿真运行与调试

下载工程并进入运行环节,单击"启动"按钮运行,运行画面如图 5-24 所示。观察各部件的动作是否按设计要求工作。可以以"if…endif"分段运行并调试。如有异常应进行调试,直到系统正常工作。

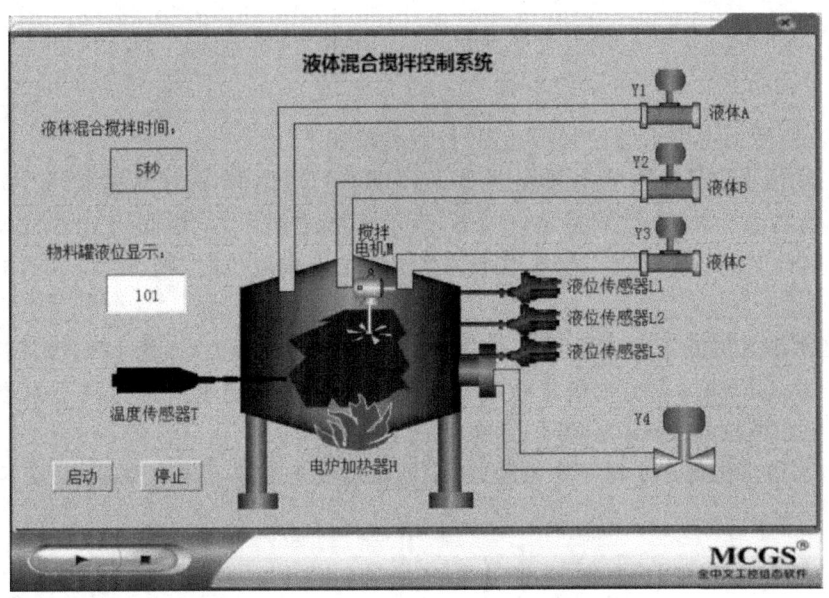

图 5-24　液体混合搅拌控制系统运行画面

5.8　任 务 拓 展

　　任务拓展要完成下位机 PLC 对液体混合搅拌模块的控制,并在上位机触摸屏上使用 MCGS 组态软件进行监控。本任务选择西门子 S7-200 SMART PLC 和 TPC7062Ti 触摸屏,硬件之间使用网线进行通信。

　　(1) 将模拟仿真工程修改为 PLC 控制工程,需要做如下改动:

　　① 重启 TPC7062Ti 触摸屏,在硬件上设置触摸屏 IP 地址为 192.168.2.2;

　　② 在 MCGS 设备窗口中增加"设备 0-西门子 SMART200"PLC 设备,修改本机和远端 IP 地址;

　　③ 将编制好的液体混合搅拌控制程序和 PLC 的 IP 地址"192.168.2.3"设置下载到 PLC 中;

　　④ 将 MCGS 用户窗口中的变量连接修改成与 PLC 设备的连接,将 MCGS 组态工程下载到触摸屏中;

　　⑤ 完成 PLC 与触摸屏的硬件连接和通信。

　　(2) 在 MCGS 设备窗口中增加 PLC 设备,修改 IP 地址,本机 IP 地址是触摸屏的 IP 地址,远端 IP 地址是 PLC 的 IP 地址(参考第 3 章任务拓展)。

　　(3) 新建工程实时数据库,将 MCGS 用户窗口中的变量连接修改成与 PLC 设备的连接,重新编写脚本程序。

　　(4) 将 PLC 程序下载到 PLC 中,组态工程下载到触摸屏后,进行 PLC 和触摸屏调试,直至其工作正常。

习　　题

图 5-25 所示为水塔水位控制示意图,控制要求如下。

(1) 当水池水位低于水池下限液位(S1 为 ON)时,电磁阀 Y 打开进水(Y 为 ON)。5 s 后如果 S1 仍然为 ON,那么 Y 指示灯闪烁,表示 Y 没有进水,电磁阀 Y 出现故障。若系统正常运行,则此时 S1 为 OFF。当水池水位高于水池上限液位时,则 S2 为 ON,电磁阀关闭(Y 为 OFF)。

(2) 当水塔水位低于水塔下限液位时,则水塔下限液位开关 S3 为 ON,水泵开始向水塔注水,当 S3 为 OFF 时,表示水塔水位高于水塔下限液位。当水塔水位高于水塔上限液位时,则水塔上限液位开关 S4 为 OFF,水泵停止工作。

(3) 当水塔水位低于水塔下限液位,且水池水位低于水池下限液位时,水泵不能启动。

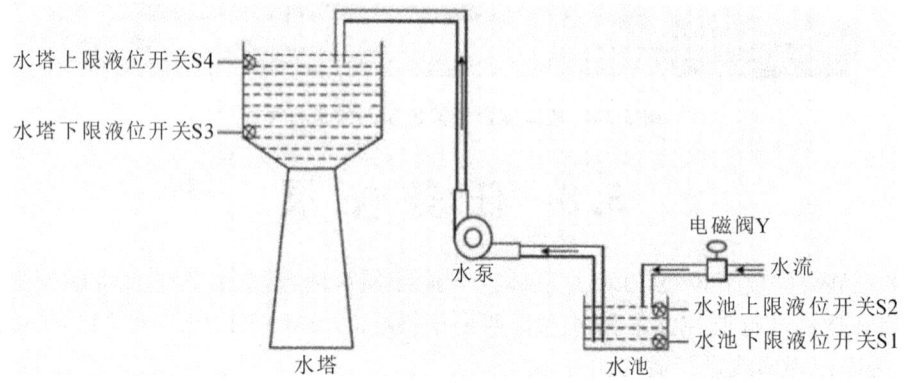

图 5-25　水塔水位控制示意图

按此要求进行该组态监控系统的设计与实现。

第6章 电动大门自动监控系统设计与实现

1.教学内容

（1）利用"多边形或折线"工具绘制简易的门禁系统。

（2）利用"标签"工具为系统添加横向排列或竖向排列的文字标签。

（3）利用"直线"工具绘制电动大门的主体系统。

（4）利用"位图"工具给工程加载切合设计的背景图片。

（5）利用"构成图符"工具将多个图形变成一个整体，并让其拥有一致性的属性。

（6）利用"常见符号"工具绘制具有立体感的三维圆环或者三维圆球。

（7）对按钮进行合适设置，让它实现取反、按一松零等操作。

（8）灵活运用"插入元件"工具，为系统添加合适的组件。

2.教学重点

（1）使用 MCGS 组态软件进行电动大门画面绘制。

（2）使用 MCGS 组态软件进行电动大门动画连接。

（3）使用"循环策略"进行定时器的设置和脚本文件的编写。

（4）根据实际需求添加合适的脚本参数。

3.教学难点

编写完整的电动大门自动监控系统的脚本程序。

6.1　控　制　要　求

电动大门监控系统是组态软件实际应用中的一个经典案例，也是生活中特别常见的自动控制装置，本系统的控制要求如下。

（1）门卫可以通过开门按钮、关门按钮、停止按钮控制电动大门的动作。

（2）当开门或者关门按钮被按下后，报警指示灯闪烁 5 s 后开始开门或者关门的动作。

（3）当停止按钮按下后，电动大门立刻停止，再次按下后电动大门继续动作。

（4）物体或者人被夹时，电动大门立刻停止，直到障碍物被排查，电动大门才继续关门动作。

（5）开门或者关门动作运行 10 s，当碰到开门传感器或者关门传感器时，大门立马停止，传感器变颜色。

6.2 工程和实时数据库的建立

1. 建立工程

按照第 4 章中建立工程的步骤，将建立的工程保存为"电动大门自动监控系统"，如图 6-1 所示。

图 6-1 建立工程并命名

2. 实时数据库的建立

在电动大门自动监控系统中，至少需要 10 个变量，如表 6-1 所示。

表 6-1 电动大门自动监控系统变量

变量名称	变量类型	变量初始值	变量标签
开门按钮	开关型	0	开门输入信号
关门按钮	开关型	0	关门输入信号
停止按钮	开关型	0	停止输入信号
开门传感器	开关型	0	开门到位输入信号
关门传感器	开关型	0	关门到位输入信号
红外碰撞传感器	开关型	0	检测碰撞、夹到输入信号
电机正转	开关型	0	电动机正转、开门输出信号
电机反转	开关型	0	电动机反转、关门输出信号
报警指示灯	开关型	0	报警指示灯闪烁输出信号
大门水平移动参数	数值型	0	电动大门移动步进参数

按照第 4 章中在实时数据库中添加变量的步骤，将表 6-1 中的数据对象一一添加到实时数据库中。

6.3　画面绘制

生活中有各种各样的门,有木门、铁门、铝合金门,自动的大门、手动的大门等,本章主要绘制的是学校或者企事业部门的带警报器的简易大门,如图 6-2 所示。用户可以尽情发挥想象力或者查阅资料,绘制属于自己心中的那道门,然后完成本系统的设计与实现。

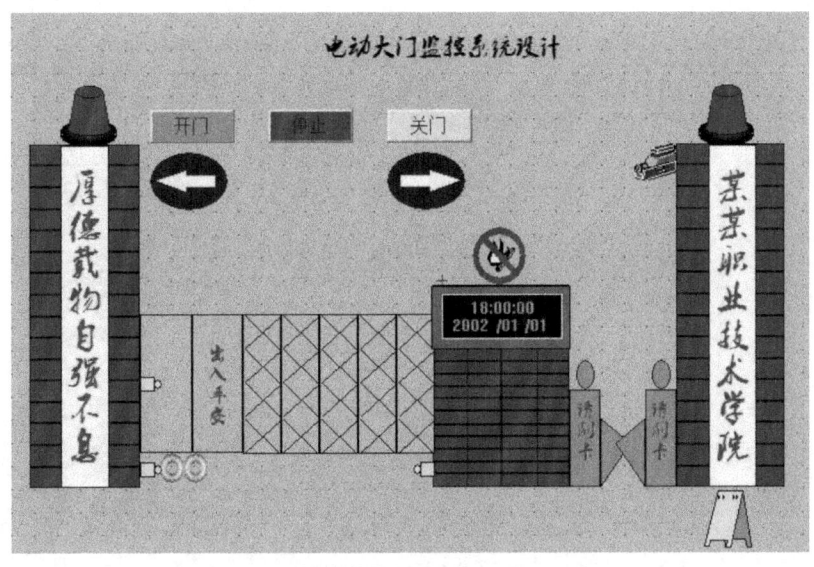

图 6-2　电动大门自动监控系统主画面

6.3.1　画面的建立

按照第 4 章中主画面窗口的建立步骤,将"窗口 0"改名为"电动大门监控画面",如图 6-3 所示。

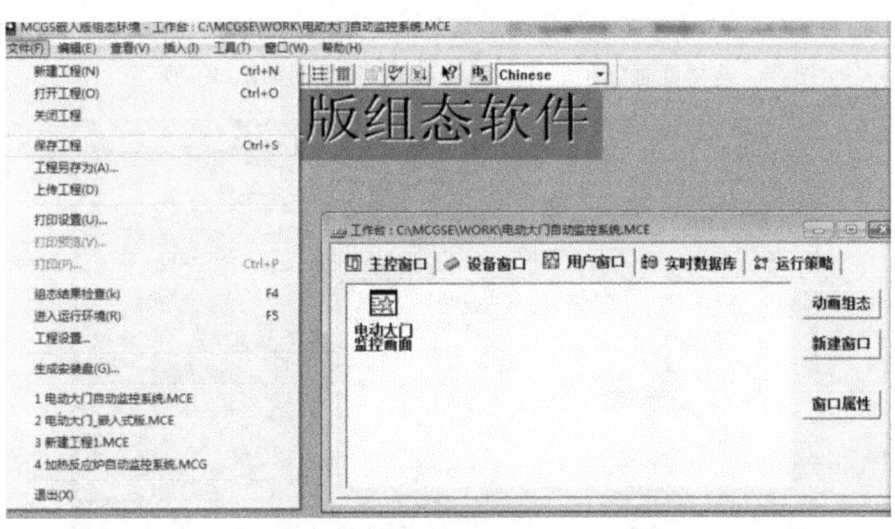

图 6-3　画面的建立

6.3.2 画面的绘制与优化

监控画面的绘制步骤如下。

1.绘制监控画面主标题

按照第 4 章中监控画面主标题的绘制步骤,进行本系统监控画面主标题的绘制,效果图如图 6-4 所示。

图 6-4　主标题效果图

2.绘制监控画面墙体

(1)选择"工具箱"中的矩形图标 □ ,在画面中绘制一个矩形框,单击图表 中的第一个按钮,将矩形框背景色改为红色,单击第二个按钮,让矩形框边线颜色为黑色。

(2)选择"工具箱"中的直线图标 ╲ ,在矩形框的中间画一条与矩形框垂直的短竖线,选择矩形框和短竖线,单击菜单下的绘图工具条中的"构成图符"按钮 ,将矩形框和短竖线组合成一个图符。这样就画好了墙体的一个砖块,效果图如图 6-5 所示。

图 6-5　墙体砖块效果图

（3）选择设计好的一个砖块，单击鼠标右键→"复制"按钮，在砖块下方单击鼠标右键→"粘贴"按钮，绘制出另外一块砖块。用鼠标拖动砖块，让它们上下对齐，如果鼠标拖动不准确，可以用键盘上的↑、↓、←、→进行微调。若要左对齐，可以选择菜单下的绘图工具条中的对齐工具条上的第一个（左边界对齐）按钮，让两个砖块左对齐。然后单击"构成图符"按钮，将两砖块合并成一块。效果图如图 6-6 所示。

图 6-6　两砖块合并成一块效果图

（4）重复步骤（2）～（3），完成四面墙体的设计，效果图如图 6-7 所示。

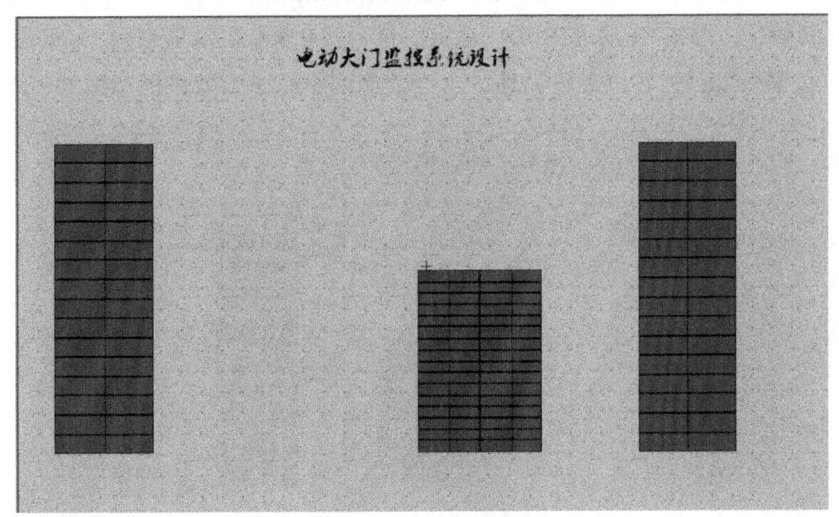

图 6-7　墙体效果图

注意事项：

（1）选择多个元件时应按住键盘的 Ctrl 键；

（2）元件的大小是可以改变的，方法是选择元件，当鼠标的箭头变成"↕"或者"↔"时，拖动元件就可以改变元件的长度和宽度；

（3）四个墙体应该向下对齐，合理利用工具条，可以将墙体设计得更加美观。

3. 绘制电动大门主体

电动大门的主体主要由电动机箱体、轮子、栅栏、开门传感器、关门传感器、红外碰撞传感器这几部分组成。

（1）绘制电动机箱体。用矩形工具，绘制两个长矩形，颜色设置为灰色，把它们排放整齐，单击"构成图符"按钮 ，将两块矩形框变成一个整体，调整矩形框大小，将其作为电动机箱体。效果图如图6-8所示。

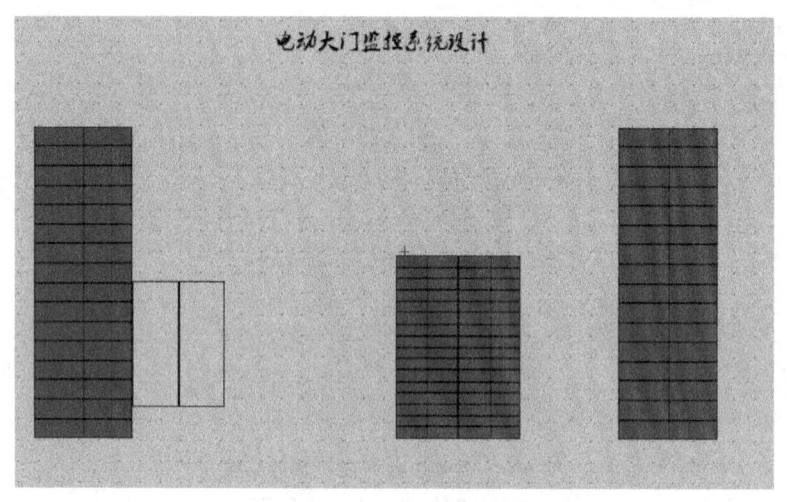

图 6-8　电动机箱体的绘制效果图

（2）绘制轮子。单击"工具箱"中的"常见图符"按钮 ，在弹出来的"常见图符"对话框中，选择"三位圆环"图符，在电动机箱体的下面绘制两个轮子。效果图如图6-9所示。

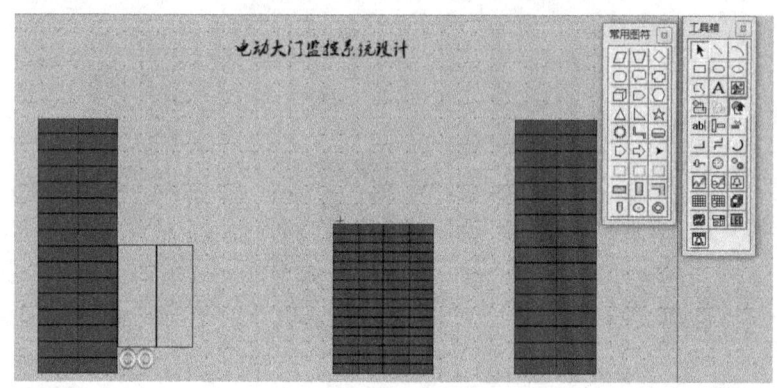

图 6-9　轮子的绘制效果图

（3）绘制电动大门的栅栏。单击矩形工具，绘制一个小的矩形，用直线工具绘制一条斜线，复制粘贴这条斜线，选择其中一条斜线，单击菜单下工具条中的旋转快捷按钮 中的第三个按钮，让其镜像对称。将两条斜线叠加在一起呈"×"形，利用"构成图符"工具，将"×"构成一个整体，复制多个"×"，将"×"放置于矩形中，调整好"×"的大小。最后将矩形块和所有的"×"，利用"构成图符"工具构成一个整体，这样一个独立的栅栏就绘制完成了。复制多个独立栅栏，调整好独立栅栏的位置，利用"构成图符"工具组成一个大的栅栏。绘制效果图如图6-10所示。

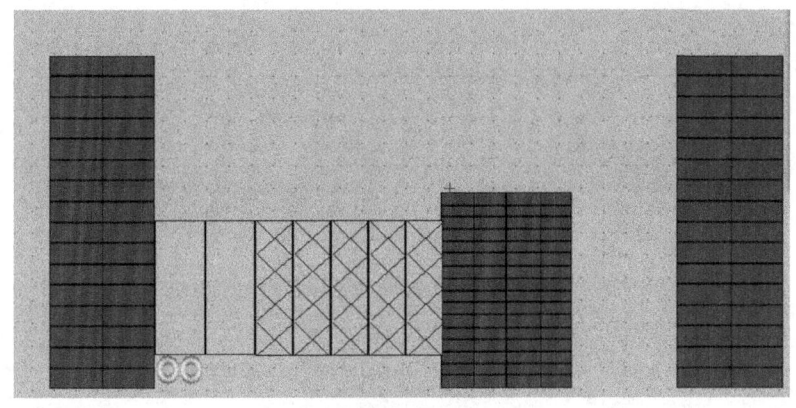

图 6-10　栅栏的绘制效果图

（4）绘制传感器。电动大门需要三个传感器，开门传感器、关门传感器、红外碰撞传感器。利用"工具箱"中的矩形工具和椭圆工具，绘制一个矩形和一个圆形，利用"构成图符"工具将矩形和圆形变成一个独立的图符，这样就组成了一个传感器模型，开门传感器和关门传感器分别放置在大门的左右两边，红外碰撞传感器放置于大门中间，可以通过快捷键 对传感器的朝向进行改变。利用颜色填充工具 将三个传感器填充为黄色。绘制效果图如图 6-11 所示。

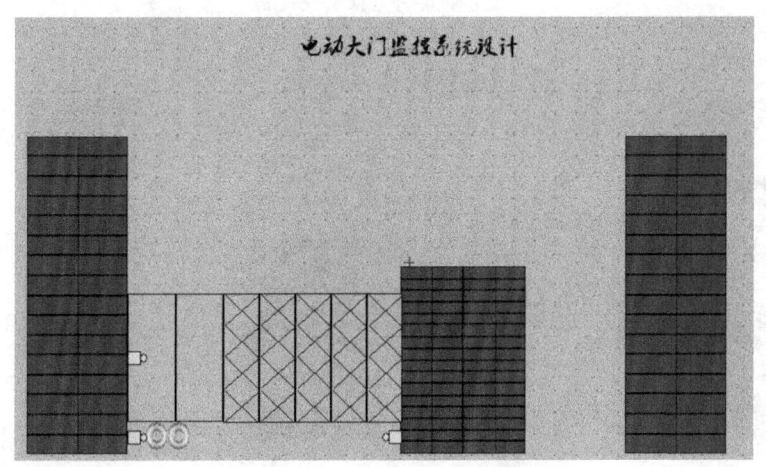

图 6-11　传感器的绘制效果图

4. 绘制开关按钮

在控制室，需要多个控制开关按钮，一个为开门按钮、一个为关门按钮、一个为停止按钮，分别完成开门、关门和停止的命令输入。利用"工具箱"中的标准按钮工具 ，在编辑界面中绘制一个按钮，双击该按钮，在弹出的"标准按钮构建属性设置"对话框（见图 6-12）中的"基本属性"选项卡下，将"文本"中的内容更改为"开门"，单击"确认"按钮，这样一个开关按钮就设置完成了。利用同样的方法绘制关门按钮和停止按钮，利用排列工具条 将三个按钮排列得当。选择三个按钮，利用填充颜色工具条 将开门按钮设置为绿色，停止按钮设置为红色，关门按钮设置为黄色。绘制效果图如图 6-13 所示。

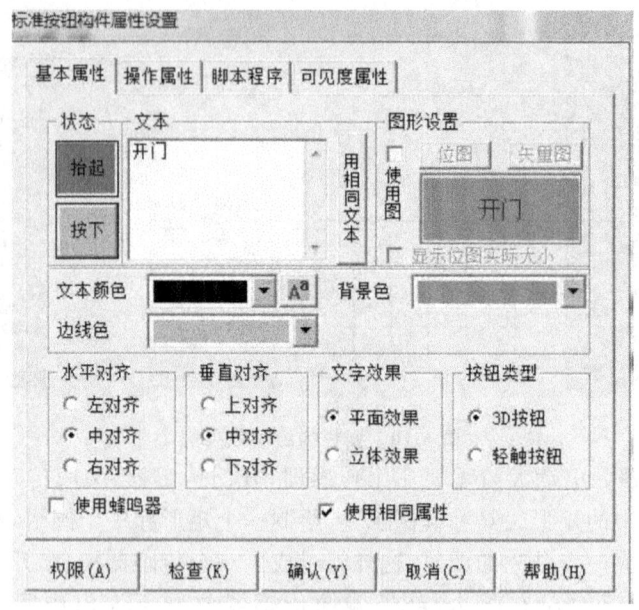

图 6-12 "标准按钮构建属性设置"对话框

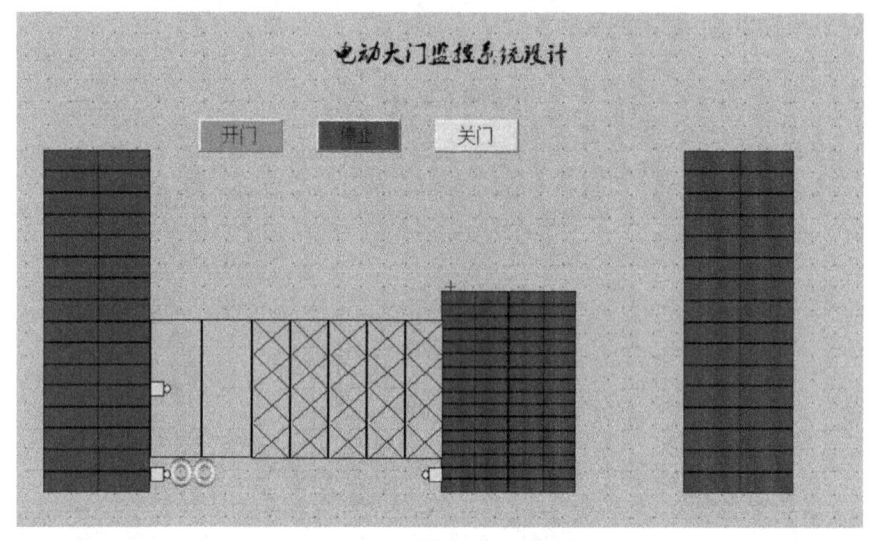

图 6-13 开关按钮的绘制效果图

5.绘制报警灯、方向标志、禁烟标志、指示牌、监控设备、电子钟等

合理利用 MCGS 组态软件提供的"元件库",能够使得画面更加美观、形象。单击"工具箱"中的"插入元件"按钮 ，进入"对象元件库管理"对话框(见图 6-14),在"对象类型"中选择合适的类型,就能绘制报警灯、方向标志、禁烟标志、指示牌、监控设备、电子钟等。例如,报警灯选择"指示灯"文件夹下的"指示灯 1";方向标志选择"标志"文件夹下的"标志 30",禁烟标志选择"标志 8",指示牌选择"标志 29";监控设备选择"其他"文件夹下的"摄像机";电子钟选择"时钟"文件夹下的"时钟 4"。以上这些对象元件的绘制效果图如图 6-15 所示。

注意事项:

(1) 由于软件版本不同,对象元件的序号可能有所差异;

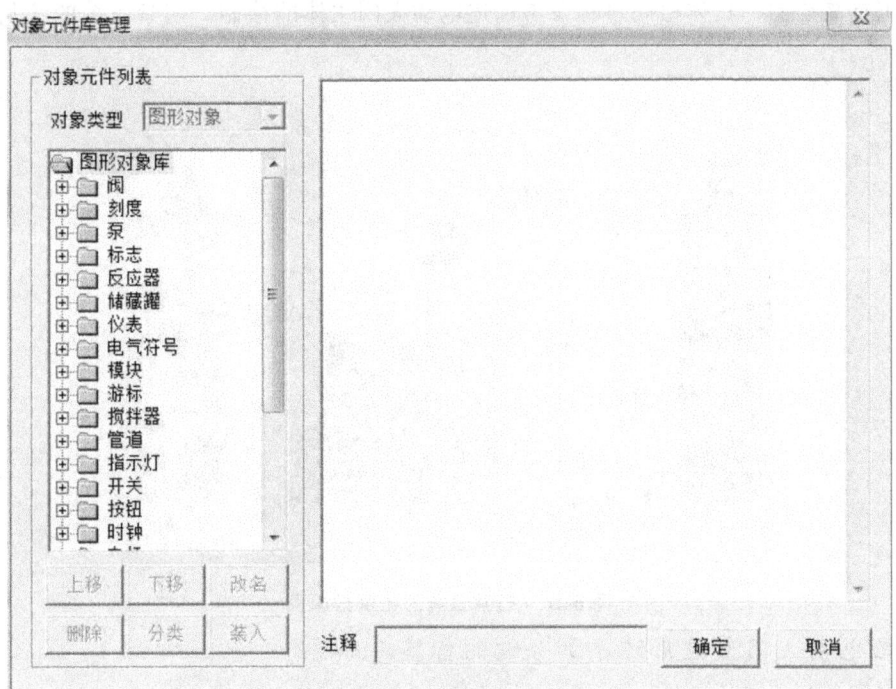

图 6-14　"对象元件库管理"对话框

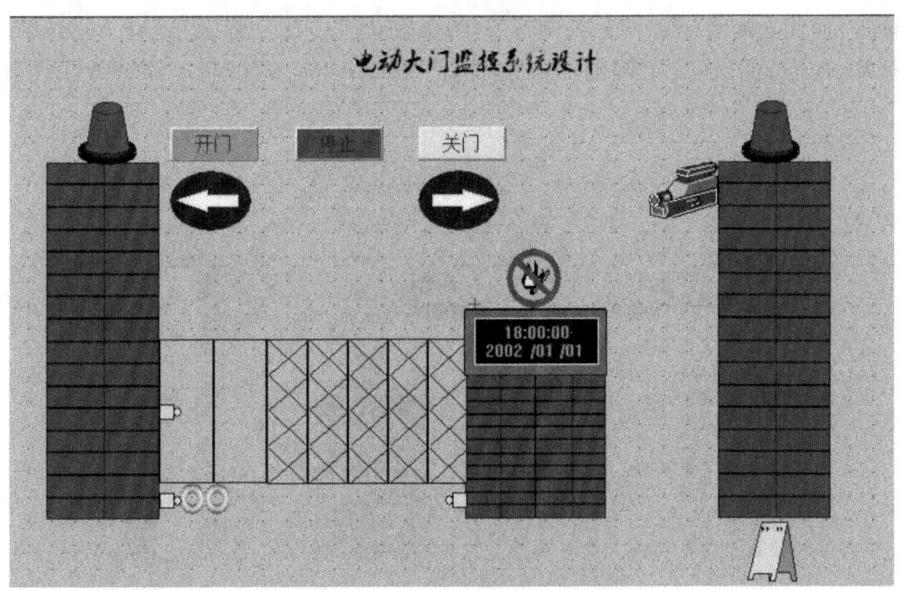

图 6-15　对象元件的绘制效果图

（2）方向图标只有向右边的图标，可以通过旋转改变图标方向；

（3）在"对象元件库管理"对话框中选择需要的图标，单击"确定"按钮，图标会显示在绘图的主窗口上，图标一般都比较大，可以通过鼠标拖拽调整图标大小。

6.绘制电动大门旁的门禁系统

门禁系统主要由左右两边的刷卡机器和中间的门禁组成，刷卡机器由一个矩形和一个圆形组成，门禁系统由两个三角形组成，但是"工具箱"中没有三角形的绘图工具，可以利用

"折线"工具来绘制。具体绘制过程参考前述电动大门主体的绘制。门禁系统的绘制效果图如 6-16 所示。

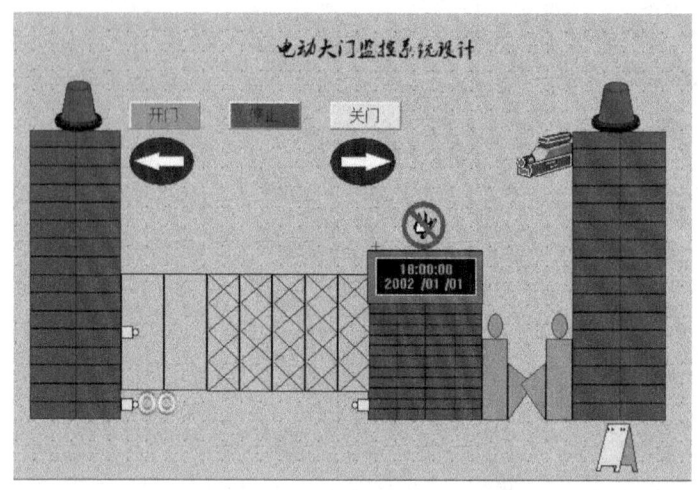

图 6-16　门禁系统的绘制效果图

7. 给电动大门监控系统添加合适的标签

为了使得整个系统更像一个真实的大门，在此，需要在墙上、电动大门的电动机柜上和门禁处添加合适的标签，横向标签很好添加，只需要点击"工具箱"中的"标签"按钮，即可添加横向标签；而此处需要添加的是纵向标签，方法和上述方法一样，但是有个小技巧，即先写好横向标签，在需要下移的字符前面按住 Ctrl＋Enter 组合键即可。添加效果图如图 6-17 所示。

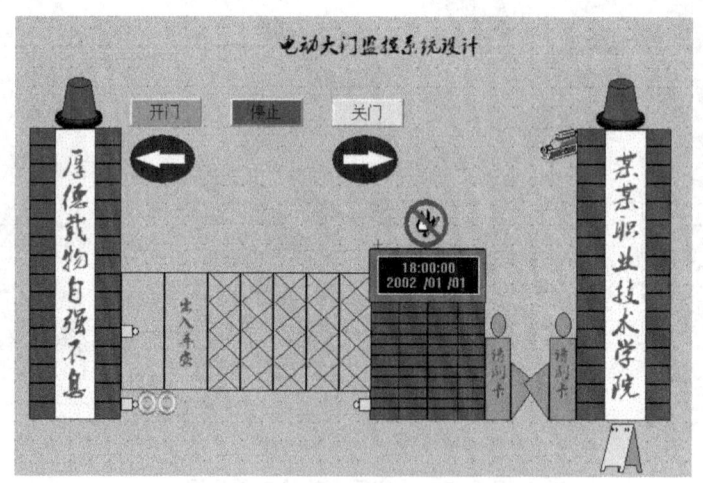

图 6-17　电动大门监控系统标签的添加效果图

6.4　动　画　连　接

1. 按钮的动画连接

（1）双击开门按钮，在弹出的"标准按钮构件属性设置"对话框的第二个选项卡"操作属性"下,勾选"数据对象值操作",打开下拉框,选择"按 1 松 0",如图 6-18 所示。

(2) 单击"?"按钮,在弹出来的"变量选择"对话框(见图 6-19)中,选择"开门按钮",单击"确认"按钮。这样开门按钮的动画连接就完成了。

(3) 重复步骤(1)~(2),完成停止按钮、关门按钮的动画连接。

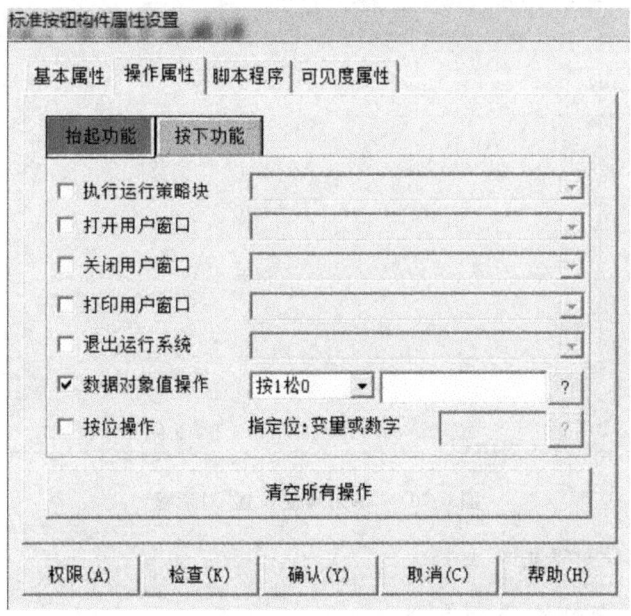

图 6-18　"标准按钮构件属性设置"对话框

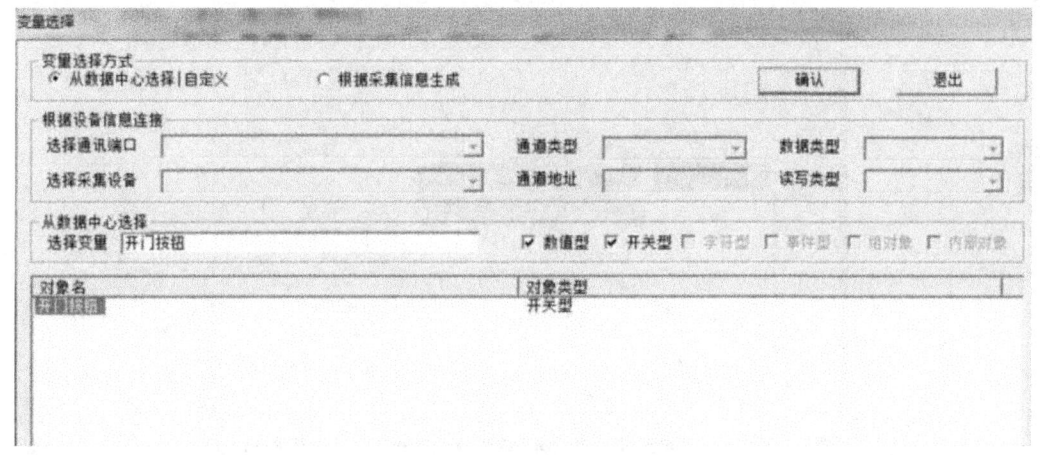

图 6-19　变量与按钮动画连接

2. 报警指示灯的动画连接

(1) 双击报警指示灯,弹出"单元属性设置"对话框,如图 6-20 所示。

(2) 选择"动画连接",单击"组合图符",会出现"?"和"〉"按钮,单击"〉"按钮,进入"动画组态属性设置"对话框,如图 6-21 所示。

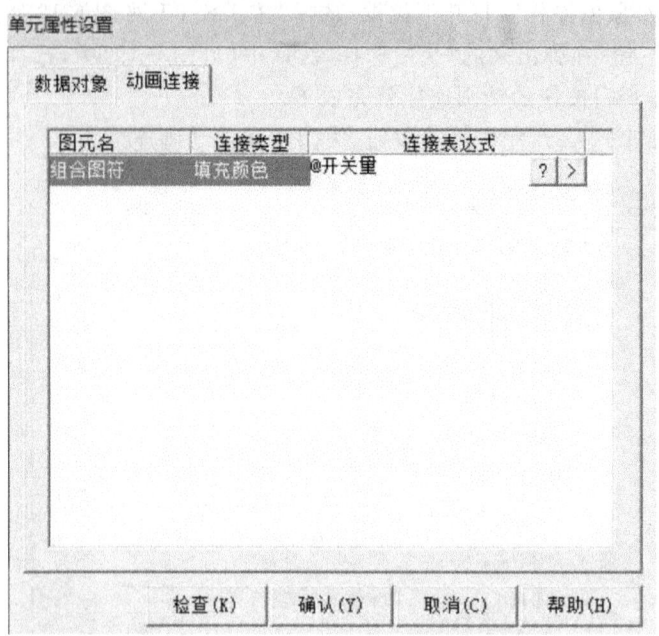

图 6-20　"单元属性设置"对话框

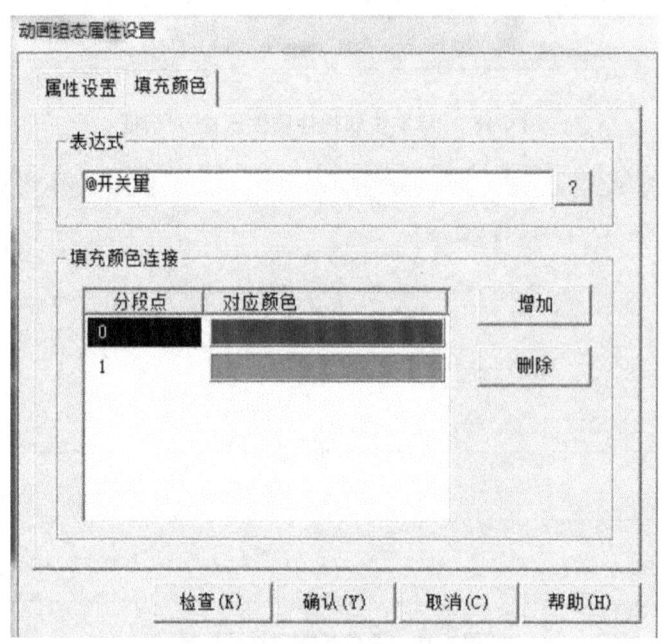

图 6-21　"动画组态属性设置"对话框

（3）进入"动画组态属性设置"对话框下的"填充颜色"选项卡，单击"?"按钮，出现"变量选择"对话框。

（4）选择"报警指示灯"，单击"确认"按钮。

（5）回到"动画组态属性设置"对话框，单击"对应颜色"下的颜色，选择合适的颜色，让分段点为 0 时报警指示灯颜色为红，分段点为 1 时报警指示灯颜色为绿。单击"确认"按钮，如图 6-22 所示。

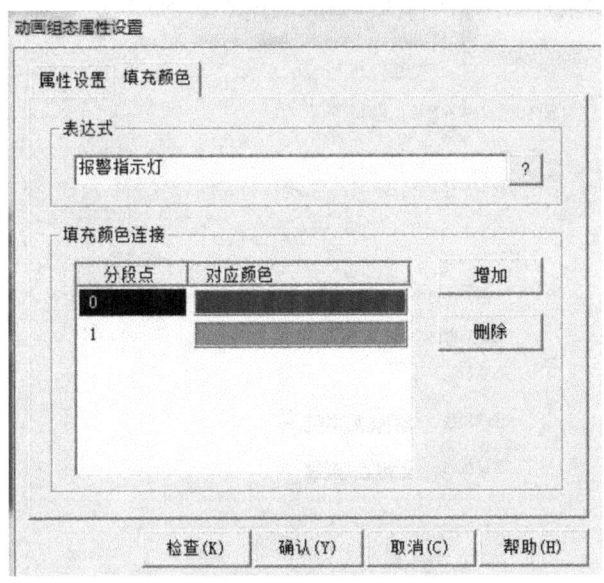

图 6-22　填充颜色连接"报警指示灯"

　　到此,报警灯颜色填充的动画连接就完成了,当报警灯被点亮时,颜色为绿,不被点亮时颜色为红。但如果需要报警灯在开门或者关门时闪烁,还需要设置闪烁的动画连接。具体步骤如下:

　　(1) 双击报警灯,弹出"单元属性设置"对话框;

　　(2) 选择"动画连接",单击"组合图符",会出现"?"和"〉"按钮,单击"〉"按钮,进入"动画组态属性设置"对话框;

　　(3) 进入"动画组态属性设置"对话框下的"填充颜色"选项卡,此时单击"属性设置"选项卡,可以看到"填充颜色"被勾选了,勾选"闪烁效果",如图 6-23 所示;

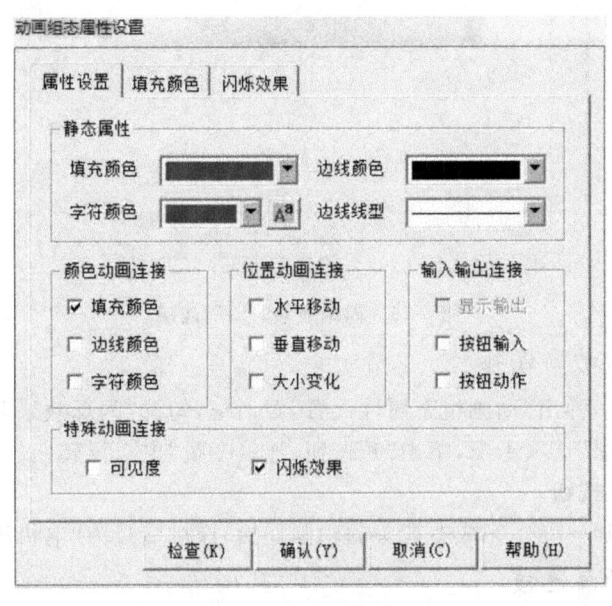

图 6-23　闪烁效果设置

　　(4) 进入"闪烁效果"选项卡,会出现"?"按钮,单击"?"按钮,出现"变量选择"对话框;

（5）选择"报警指示灯"，单击"确认"按钮，如图 6-24 所示。

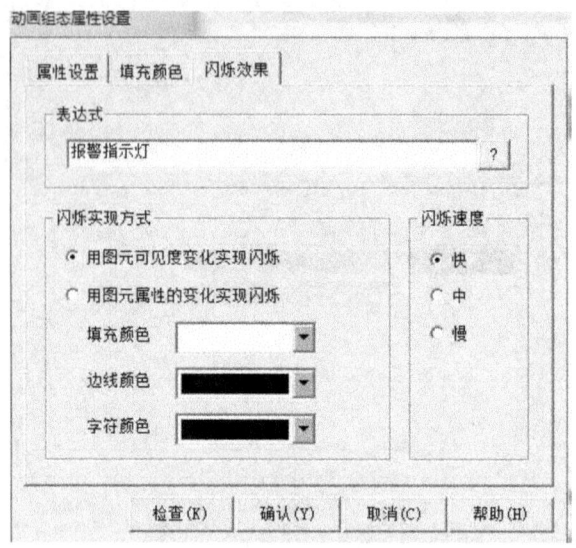

图 6-24　闪烁效果连接"报警指示灯"

最终动画连接设置如图 6-25 所示，单击"确认"按钮。

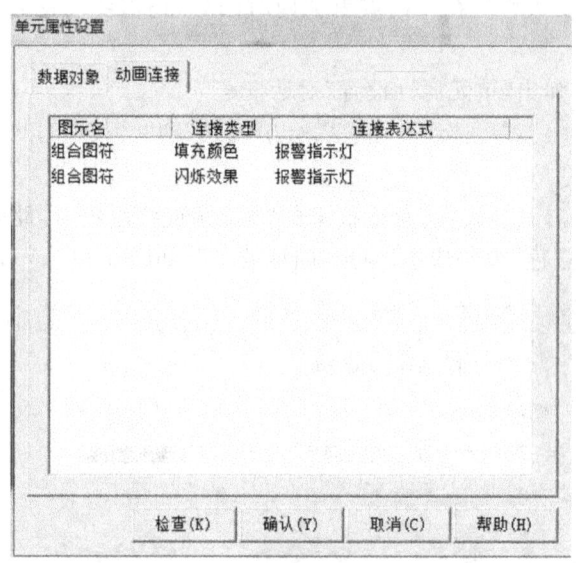

图 6-25　闪烁效果的动画连接

3. 左右箭头的动画连接

（1）双击左箭头，弹出"动画组态属性设置"对话框，勾选"闪烁效果"。

（2）在"闪烁效果"选项卡下，单击"?"按钮，连接变量"电机反转"。

（3）单击"确认"按钮。

（4）重复步骤（1）～（3），完成右箭头的动画连接，连接变量为"电机正转"。

4. 传感器的动画连接

（1）双击左边的关门传感器，弹出"动画组态属性设置"对话框，勾选"填充颜色"。

（2）在"填充颜色"选项卡下，单击"?"按钮，连接变量"关门传感器"。

（3）单击"确认"按钮，选择颜色，为 0 时为红色，为 1 时为黄色；单击"确认"按钮。

（4）重复步骤（1）～（3），完成右边的开门传感器和红外碰撞传感器的动画连接，连接变量分别为"开门传感器"和"红外碰撞传感器"。

红外防碰撞传感器除了"填充颜色"的动画连接外，还有"按钮动作"的动画连接、水平移动的动画连接，具体步骤如下。

（1）双击红外碰撞传感器，弹出"动画组态属性设置"对话框，勾选"按钮动作""水平移动"，如图 6-26 所示。

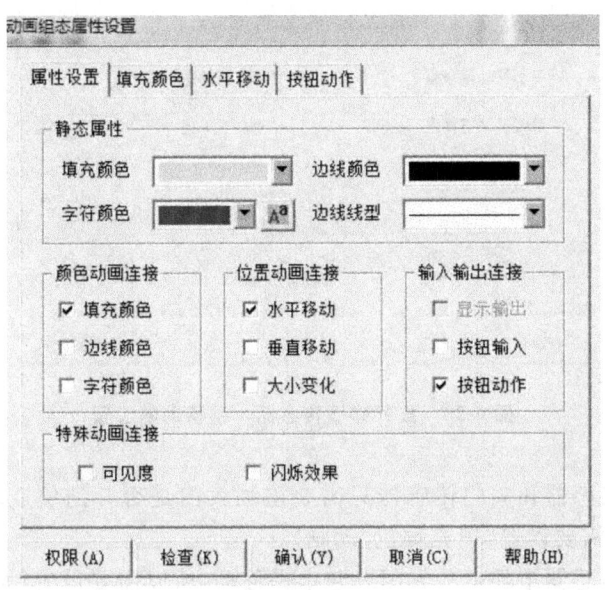

图 6-26　红外碰撞传感器的动画组态属性设置

（2）在"按钮动作"选项卡下，勾选"数据对象值操作"，下拉框中选择"取反"，单击"?"按钮，连接变量为"红外碰撞传感器"，如图 6-27 所示。

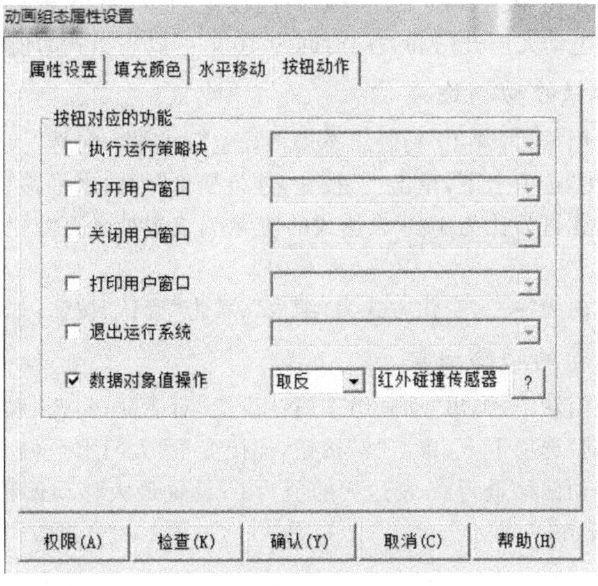

图 6-27　红外碰撞传感器按钮动作的设置

（3）在"水平移动"选项卡下，单击"？"按钮，连接变量为"红外碰撞传感器"。

（4）设置最大移动偏移量为200，表达式的值50，如图6-28所示。

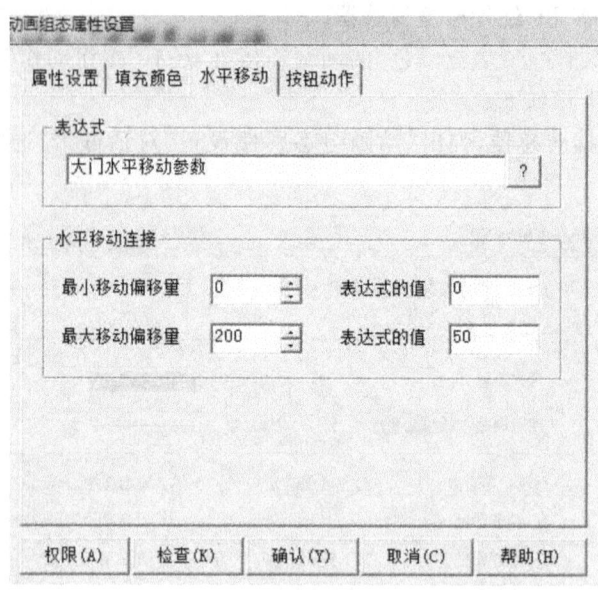

图 6-28 红外碰撞传感器水平移动的设置

注意事项：

（1）由于开门传感器和关门传感器只需要检测大门是否开到位或者关到位，检测状态由颜色表示，因此只需要设置"填充颜色"动画；

（2）红外碰撞传感器跟随电动大门一起水平移动，所以需要设置"水平移动"动画，通过按钮的形式，模拟是否有人被夹住，所以设置了"按钮动作"的动画；

（3）"最大移动偏移量"的值不是固定不变的，利用"直线工具"可以测量红外碰撞传感器移动的水平距离，根据实际效果还可以做适当微调；

（4）"表达式的值"是根据脚本文件刷新时间设定的，本系统设置系统刷新时间为200 ms，因为本系统要求电动大门开门和关门时间为10 s，所以表达式的值为50（10/0.2 次）。

5. 电动大门栅栏的动画连接

（1）双击电动大门栅栏，弹出"动画组态属性设置"对话框，勾选"大小变化"。

（2）在"大小变化"选项卡下，单击"？"按钮，连接变量"大门水平移动参数"。

（3）设置最小变化百分比为100，表达式的值为0；设置最大百分比的值为25，表达式的值为50。

（4）设置变化方向为"←"，变化方式为"缩放"；单击"确认"按钮；如图6-29所示。

6. 电动大门轮子的动画连接

（1）双击电动大门轮子，弹出"动画组态属性设置"对话框，勾选"水平移动"。

（2）在"水平移动"选项卡下，单击"？"按钮，连接变量"大门水平移动参数"。

（3）设置最小移动偏移量为0，表达式的值为0；设置最大移动偏移量为182，表达式的值为50，如图6-30所示。

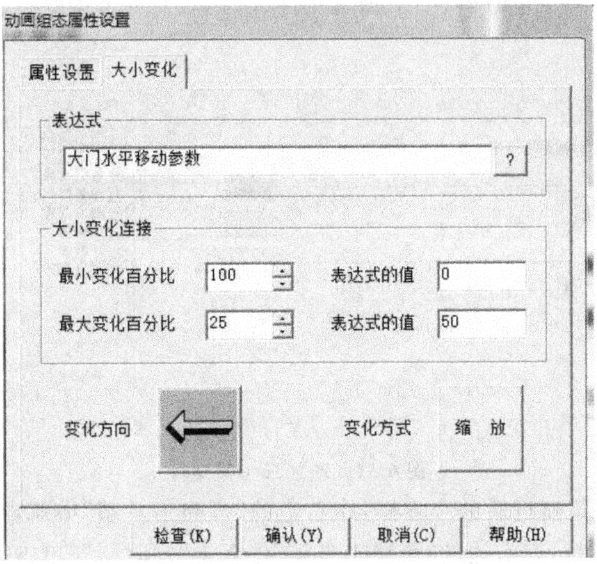

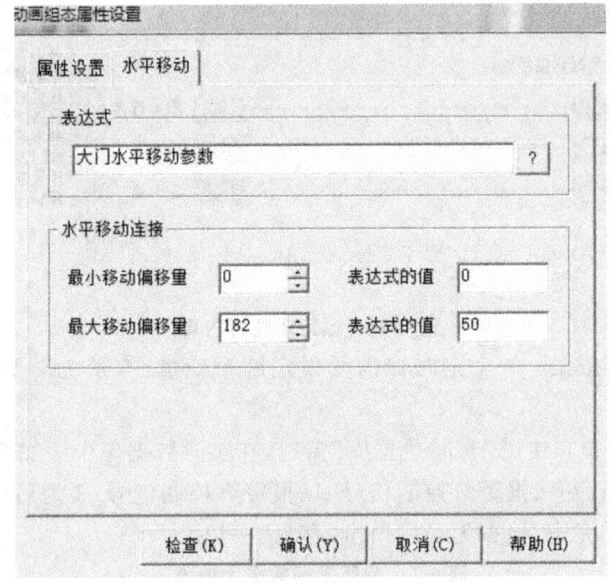

图 6-29　电动大门栅栏的动画连接

图 6-30　电动大门轮子的动画连接

6.5　编写脚本程序

控制要求规定:按下开门或者关门按钮 5 s 后大门才开始开门或者关门的动作。所以这里需要设定两个 5 s 的定时器。MCGS 组态软件为用户提供了丰富的构件,可以利用定时器构件完成定时的功能。

6.5.1　定时器的设定

(1) 参考第 4 章中定时器的设定步骤,进行本系统的定时器的设定。

（2）本系统需要两个定时器，一个脚本文件，所以需要三个策略行，增加三个策略行，如图 6-31 所示。

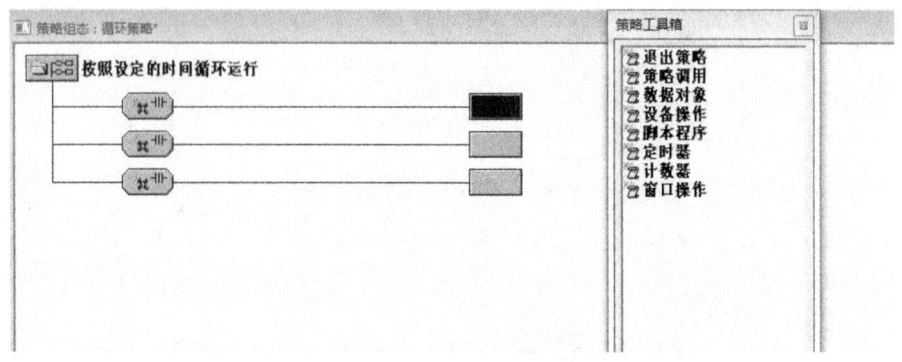

图 6-31 增加三个策略行

（3）单击第一个策略行后的小方框，在右边的"策略工具箱"中双击"脚本文件"；单击第二个策略行后的小方框，在右边的"策略工具箱"中双击"定时器"；单击第三个策略行后的小方框，在右边的"策略工具箱"中双击"定时器"，得到如图 6-32 所示策略行内容。

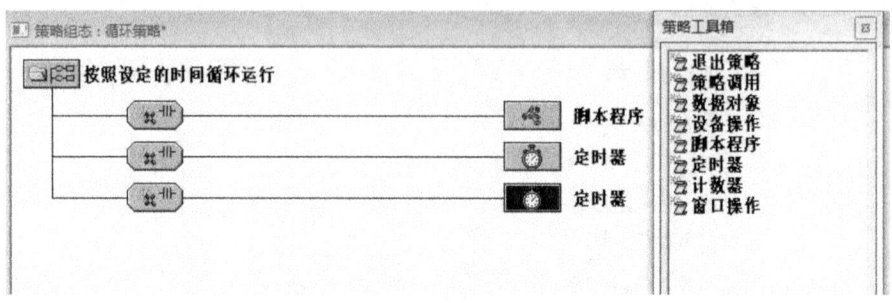

图 6-32 选定策略行内容

（4）单击"存盘"按钮。一个定时器需要设定四个变量，本系统需要添加八个关于定时器的变量。

（5）单击工作台窗口中的"实时数据库"窗口，在实时数据库中添加变量，如表 6-2 所示。其中，开门命令、关门命令、报警灯控制信号_1、报警灯控制信号_2 为后续程序编写需要，在此处一并添加。添加完毕，检查无误后单击"存盘"按钮。

表 6-2 循环策略数据库的添加

变量名称	变量类型	变量初值	注释
定时器启动_1	开关型	0	定时器 1 的启停，1 启动，0 停止
定时器启动_2	开关型	0	定时器 2 的启停，1 启动，0 停止
定时器复位_1	开关型	0	定时器 1 复位，1 复位
定时器复位_2	开关型	0	定时器 2 复位，1 复位
计时时间_1	数值型	0	定时器 1 计时时间
计时时间_2	数值型	0	定时器 2 计时时间
时间到_1	开关型	0	定时器 1 定时状态，1 为时间到，否则为 0

续表

变量名称	变量类型	变量初值	注释
时间到_2	开关型	0	定时器 2 定时状态，1 为时间到，否则为 0
开门命令	开关型	0	中间变量，记录开门信号
关门命令	开关型	0	中间变量，记录关门信号
报警灯控制信号_1	开关型	0	中间变量，记录开门报警灯信号
报警灯控制信号_2	开关型	0	中间变量，记录关门报警灯信号

（6）选择"运行策略"窗口，双击"循环策略"，设定定时器属性。将两个定时器连接相应的变量，如图 6-33 所示。

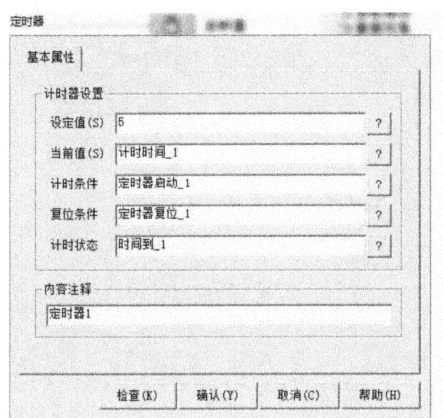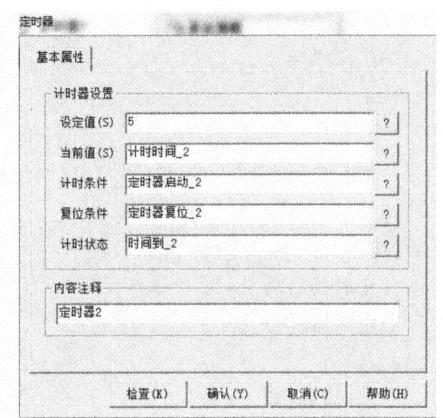

图 6-33　两定时器的设定

6.5.2　脚本程序的编写

脚本程序如下。

```
'**********动画模拟*******************
IF 电机正转= 1 THEN 大门水平移动参数= 大门水平移动参数+ 1
IF 电机反转= 1 THEN 大门水平移动参数= 大门水平移动参数- 1

IF 大门水平移动参数 < 0 THEN 大门水平移动参数= 0
IF 大门水平移动参数 > 0 THEN 关门传感器= 0
IF 大门水平移动参数 = 0 THEN 关门传感器= 1

IF 大门水平移动参数 > 50 THEN 大门水平移动参数= 50
IF 大门水平移动参数 < 50 THEN 开门传感器= 0
IF 大门水平移动参数 = 50 THEN 开门传感器= 1


'**********三联按钮动作控制信号************

IF 开门按钮= 1    THEN
```

```
        开门命令＝ 1
        关门命令＝ 0
     ENDIF


     IF 关门按钮＝ 1     THEN
        开门命令＝ 0
        关门命令＝ 1

     ENDIF

     IF 停止按钮＝ 1 THEN
        开门命令＝ 0
        关门命令＝ 0
     ENDIF


    '**********定时器 1 控制信号************

     IF   开门命令＝ 1 THEN
        定时器启动_1＝ 1
        定时器复位_1＝ 0
     ELSE
        定时器启动_1＝ 0
        定时器复位_1＝ 1
     ENDIF


    '**********定时器 2 控制信号************

     IF   关门命令＝ 1 THEN
        定时器启动_2＝ 1
        定时器复位_2＝ 0
     ELSE
        定时器启动_2＝ 0
        定时器复位_2＝ 1
     ENDIF


    '**********报警灯动作控制程序************
     IF 开门命令＝ 1 AND 开门传感器 ＝  0 THEN
        报警灯控制信号_1＝ 1
     ELSE
        报警灯控制信号_1＝ 0
     ENDIF


     IF 关门命令＝ 1 AND 关门传感器 ＝  0   AND 红外碰撞传感器＝ 0 THEN
```

```
    报警灯控制信号_2= 1
ELSE
    报警灯控制信号_2= 0
ENDIF


IF 报警灯控制信号_1= 1 or 报警灯控制信号_2= 1 THEN
    报警指示灯= 1
ELSE
    报警指示灯= 0
ENDIF


'***********开关门动作控制程序************

IF   时间到_1 =  1   AND 开门传感器= 0 THEN
    电机正转= 1
ELSE
    电机正转= 0
ENDIF

IF   时间到_2 =  1   AND 关门传感器= 0   AND 红外碰撞传感器= 0 THEN
    电机反转= 1
ELSE
    电机反转= 0
ENDIF
```

习　　题

一、论述题

1.电动大门控制系统中,标签工具可以添加文字,但一般都是横向的,如何在标签编辑框中输入竖向文字?

2.策略工具箱的内容没有了该怎么办?

3.在用户窗口属性设置中设置循环脚本和在运行策略中设置循环脚本,有何区别?

二、操作题

1.在电动大门自动监控系统中,要实现:当开门到位后,开门传感器变色;当关门到位时,关门传感器变色。试问如何编写脚本程序?

2.请根据图 6-2 和书上的操作步骤,完成电动大门自动监控系统界面设计、MCGS 数据对象定义、动画连接、脚本文件输入,实现模拟下载运行。

第7章 液力变扭箱监控系统设计与实现

1.教学内容

(1) 读懂控制要求,设计液力变扭箱监控系统。

(2) 用 MCGS 组态软件进行画面制作和程序编写。

2.教学重点

(1) 掌握模拟设备的连接与设置。

(2) 掌握实时报表与历史报表的使用。

(3) 掌握实时曲线与历史曲线的使用。

(4) 掌握菜单设计的方法。

3.教学难点

(1) 使用实时报表与历史报表。

(2) 使用实时曲线与历史曲线。

(3) 使用菜单设计。

7.1 控 制 要 求

液力变扭箱是一种安装在工矿内燃机车上,利用液体的动能进行能量传递的液力装置,其输入动力来自柴油机,输出驱动机车运行,具有恒功率特性。液力变扭箱主要由液力传动箱、车轴齿轮箱、换向机构和相互连接的万向轴等组成。它的核心部件是液力传动箱中的液力变扭器,主要由泵轮、涡轮和导向轮等组成,如图 7-1 所示。

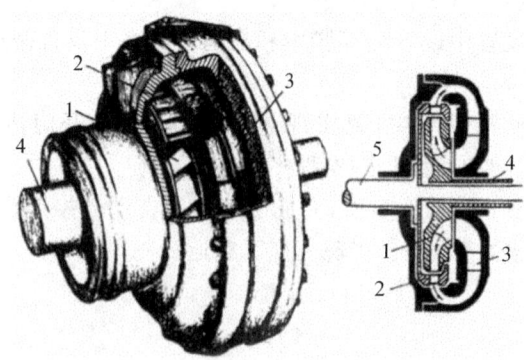

图 7-1 液力变扭器结构示意图

1—泵轮;2—涡轮;3—导向轮;4—泵轮轴;5—涡轮轴

　　泵轮通过轴和齿轮与柴油机的曲轴相连,涡轮通过轴和齿轮与机车的动轮相连,导向轮固定在变扭器的外壳上,并不转动。当柴油机启动时,泵轮被带动高速旋转,泵轮叶片则带动工作油以很高的压力和流速冲击涡轮叶片,使涡轮与泵轮以相同的方向转动,再通过齿轮把柴油机的输出功率传递到机车的动轮上,从而使机车运行。

　　变扭器关键在“变”。当机车启动和低速运行时,变扭器中的涡轮转速很低,工作油对涡轮叶片的压力就很大,从而满足机车启动时牵引力大的需求;当涡轮的转速随着机车运行速度的提高而加快时,工作油对涡轮叶片的压力也逐渐减小,正好满足机车高速运行时牵引力小的需求。由此可见,柴油机输出的大小不变的转矩,经过变扭器就能变成满足列车牵引要求的机车牵引力。当机车需要惰力运行或进行制动时,只要将变扭器中的工作油排出到油箱,使泵轮和涡轮之间失去联系,柴油机的功率就不会传给机车的动轮了。

　　为了保证液力变扭箱在完成组装后其输出特性符合设计要求,需要对其输出特性进行测试,包括输出转矩和输出效率,只有输出特性符合设计要求才可以装车使用。

　　液力变扭箱试验装置结构框图如图 7-2 所示。

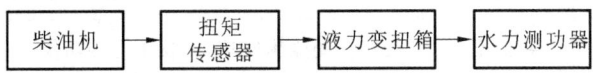

图 7-2　液力变扭箱试验装置结构框图

　　(1) 柴油机:驱动液力变扭箱旋转,为液力变扭箱旋转提供动能。

　　(2) 扭矩传感器:检测液力变扭箱的输入转矩、转速。数据由与其配套的扭矩仪显示。同时扭矩仪向外提供扭矩和转速的模拟量信号,分别为 0~5 V 标准电压信号。

　　(3) 液力变扭箱:最大输出转速为 2000 r/min,最大输出转矩为 5000 N·m。

　　(4) 水力测功器:液力变扭箱的可变负载。可检测液力变扭箱的输出转矩、转速。数据由与其配套的水力测功仪显示。同时水力测功仪向外提供转矩和转速的模拟量信号,分别为 0~5 V 标准电压信号。

　　液力变扭箱的测试数据除由试验台仪表显示外,还需要在计算机上显示、储存,并打印测试报表和输出效率曲线。

　　例如,当 B85 型被试液力变扭箱的输入动力来自柴油机,其额定转速为 1500 r/min,额定功率为 280 kW,额定转矩为 1778 N·m 时,该被试液力变扭箱输出转矩及效率参数如表 7-1 所示。

表 7-1　B85 型液力变扭箱输出转矩及效率参数

计算参数	B85 型液力变扭箱					
变扭器速比 i	0.617	0.737	0.8	0.921	1.0	1.1
变扭比 k	1.367	1.177	1.097	0.95	0.872	0.776
输出转速 $n_{出}$/(r/min)	992	1184	1286	1480	1607	1768
输出转矩 $M_{出}$/(N·m)	1954	1682	1568	1358	1246	1109
变扭器效率 η_B	84	86.7	87.8	87.5	87.2	85.4
变扭箱效率 $\eta_{箱}$	79.5	82	83	82.8	82.5	80.8

　　本系统的要求就是采用模拟设备生成数据,采用 MCGS 组态软件,进行数据处理,形成测试数据报表与曲线。

7.2 工程和实时数据库的建立

(1) 单击"文件"→"新建工程",选择对应的触摸屏型号,这里选择"TPC7062Ti",工程另存为"液力变扭箱监控系统.MCE",保存在自定义文件夹下。

(2) 分配数据对象即定义对象前需要对系统进行分析,确定需要的数据对象。本系统有8个数据对象,如表7-2所示,建立后如图7-3所示。

表 7-2 数据对象分配表

序号	数据对象	类型	注 释
1	输入转速	数值型	变扭箱的输入转速,来自扭矩仪5 V电压信号,外部变量
2	输入转矩	数值型	变扭箱的输入转矩,来自扭矩仪5 V电压信号,外部变量
3	输入功率	数值型	变扭箱的输入功率
4	输出转速	数值型	变扭箱的输出转速,来自水力测功仪5 V电压信号,外部变量
5	输出转矩	数值型	变扭箱的输出转矩,来自水力测功仪5 V电压信号,外部变量
6	输出功率	数值型	变扭箱的输出功率
7	效率	数值型	输出功率/输入功率
8	Data	组对象	存盘数据,用于报表、曲线等功能构件

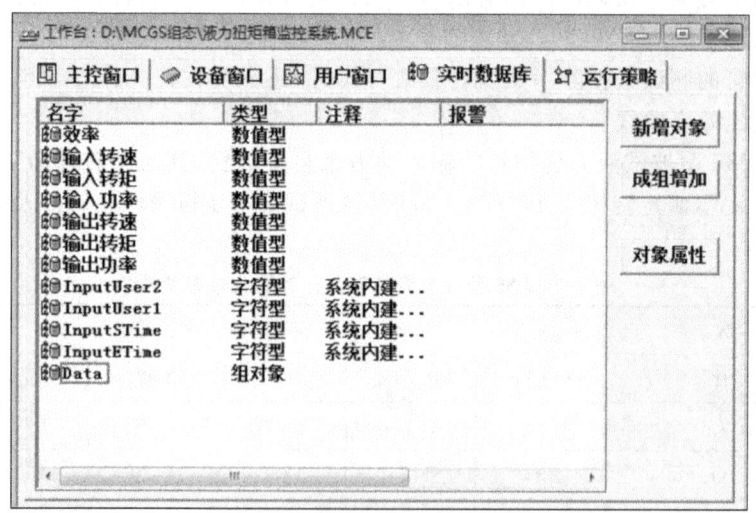

图 7-3 工程实时数据库的建立

组对象定义说明:新增对象,在对象"基本属性"选项卡中,将对象名称改为"Data",对象类型选择"组对象";在"组对象成员"选项卡中,选择数据对象列表中的"输入转速",单击"增加"按钮,数据对象"输入转速"被添加到右边的"组对象成员列表"中。同样,将"输入转矩""输入功率""输出转速""输出转矩""输出功率""效率"添加到"组对象成员列表"中,如图7-4所示。

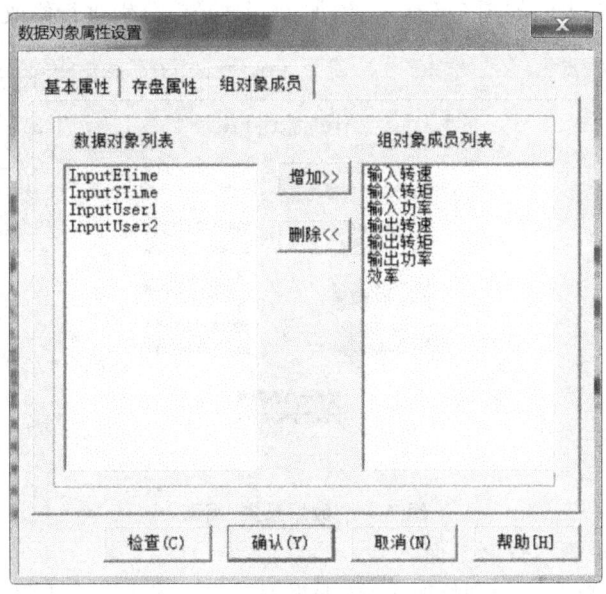

图 7-4　Data 组对象属性设置

7.3　画 面 绘 制

利用 MCGS 组态软件的开发平台,设计液力变扭箱监控系统,实现的主要功能有:① 显示功能,液力变扭箱输入/输出转速、转矩、功率、效率的实时测量值;② 管理功能,对液力变扭箱的测试数据进行储存,生成历史数据库;③ 生成报表与曲线,根据测试数据生成报表和转速-效率曲线,并可打印。

因此,系统共设置 3 幅界面:①"数据采集"界面,在该界面中完成被测数据的显示与储存,将该界面设置为"启动窗口";②"数据报表"界面,该界面显示被试液力变扭箱的实时报表和历史报表;③"数据曲线"界面,该界面显示被试液力变扭箱的实时曲线和历史曲线。

(1) 单击"用户窗口"选项卡,新建 3 个窗口,分别改名为"数据采集""数据报表""数据曲线",如图 7-5 所示。

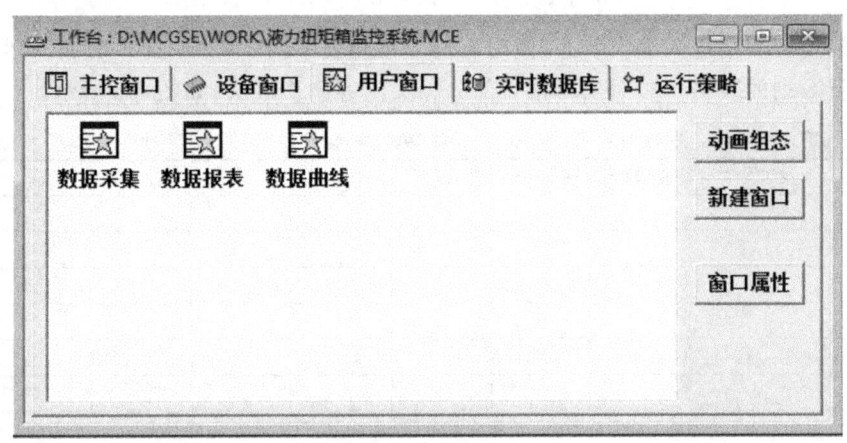

图 7-5　新建 3 个窗口

（2）双击"数据采集"，如图 7-6 所示，添加 14 个标签，分别进行修改和设置。

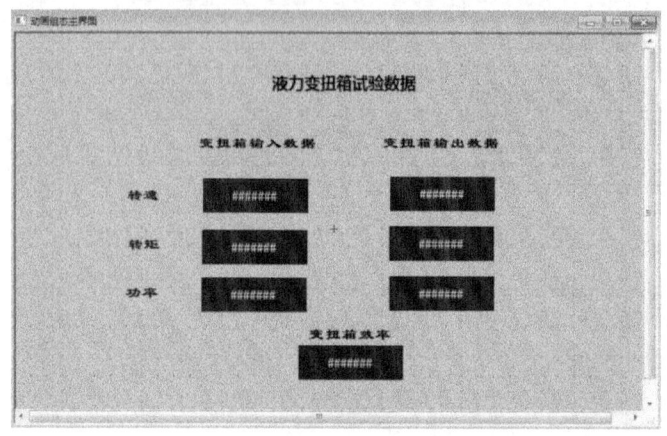

图 7-6 "数据采集"画面

（3）双击"数据报表"，打开画面。

① 添加 3 个标签构件，分别修改为"数据报表""实时报表""历史报表"。

② 设计"实时报表"构件。选择"工具箱"中的"自由表格"图标 ⊞，在画面适当位置绘制一个表格。双击表格进入编辑状态，把鼠标指针移到 A 与 B 或 1 与 2 之间，当鼠标呈分隔线形状时，拖动鼠标至所需大小即可。

保持编辑状态，单击鼠标右键，从弹出的下拉列表中选择"删除一列"，连续操作两次，删除两列。再选择"增加一行"，在表格中增加 3 行。

在 A 列的 7 个单元格中分别输入"输入转速""输入转矩""输入功率""输出转速""输出转矩""输出功率""效率"；B 列的 7 个单元格中均输入"1｜0"，表示输出的数据有 1 位小数，无空格，如图 7-7 所示。

实时报表	
输入转速	1｜0
输入转矩	1｜0
输入功率	1｜0
输出转速	1｜0
输出转矩	1｜0
输出功率	1｜0
效率	1｜0

图 7-7 实时报表画面设计

③ 设计"历史报表"构件。在"报表输出"组态窗口中，选择"工具箱"中的"历史表格"图标 ⊞，在适当位置绘制一个历史表格。

双击该历史表格进入编辑状态，使用右键下拉列表中的"增加一行""增加一列"选项，制作一个 7 行 8 列的表格。参照实时报表部分相关内容制作表头，如图 7-8 所示。

	历史报表						
采集时间	输入转速	输入转矩	输入功率	输出转速	输出转矩	输出功率	效率

图 7-8 历史报表画面设计

④ 设计的"数据报表"画面如图 7-9 所示。

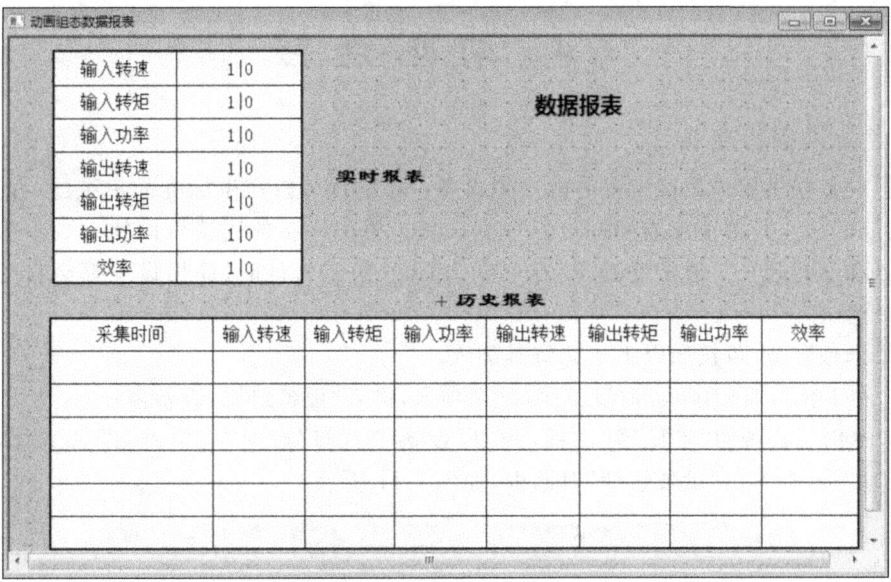

图 7-9　数据报表画面设计

（4）双击"数据曲线"，打开画面。

① 添加 3 个标签构件，分别修改为"数据曲线""实时曲线""历史曲线"。

② 设计"实时曲线"构件。单击"工具箱"中的"实时曲线"图标，在标签下方绘制一个实时曲线，并调整大小。

③ 设计"历史曲线"构件。单击"工具箱"中的"历史曲线"图标，在标签下方绘制一个历史曲线，并调整大小。

④ 设计的"数据曲线"画面如图 7-10 所示。

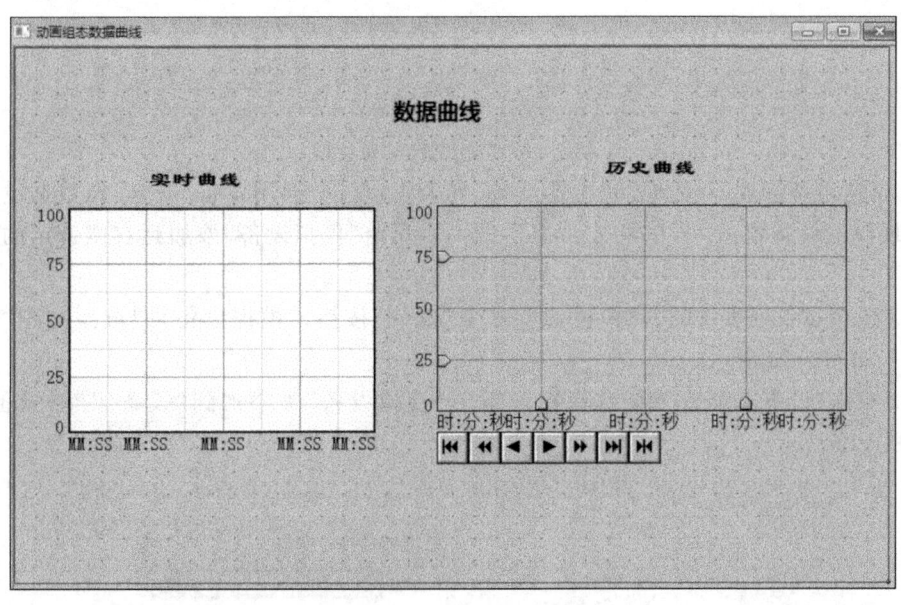

图 7-10　数据曲线画面设计

7.4 动画连接

1.模拟设备的连接

模拟设备是供用户调试工程时的虚拟设备。该构件可以产生标准的正弦波、方波、三角波、锯齿波信号。其幅值和周期都可以任意设置。模拟设备的连接可以使动画不需要手动操作而自动运行起来。通常情况下,在启动 MCGS 组态软件时,模拟设备都会自动装载到设备工具箱中。

如果未被装载,可按照以下步骤将其加入。

(1) 在工作台窗口中双击"设备窗口"选项卡,进入"设备组态:设备窗口"。

(2) 单击工具条的"工具箱"图标,弹出"设备工具箱"对话框,单击"设备工具箱"中的"设备管理"按钮,弹出"设备管理"对话框,如图 7-11 所示。

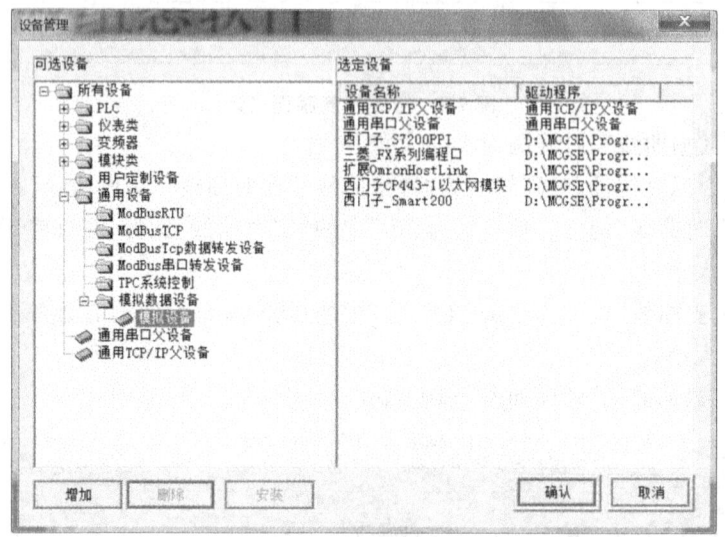

图 7-11 "设备管理"对话框

(3) 在"设备管理"对话框的"可选设备"列表中,双击"通用设备"→"模拟数据设备",在下方出现模拟设备图标,双击"模拟设备"图标,即可将"模拟设备"添加到右侧选定的设备列表中。

(4) 选择设备列表中的"模拟设备",单击"确认"按钮,"模拟设备"即被添加到"设备工具箱"中,如图 7-12 所示。

(5) 双击"设备工具箱"中的"模拟设备","模拟设备"被添加到"设备组态:设备窗口"中,如图 7-13 所示。

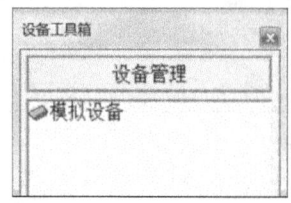

图 7-12 "设备工具箱"对话框

图 7-13 "设备组态:设备窗口"对话框

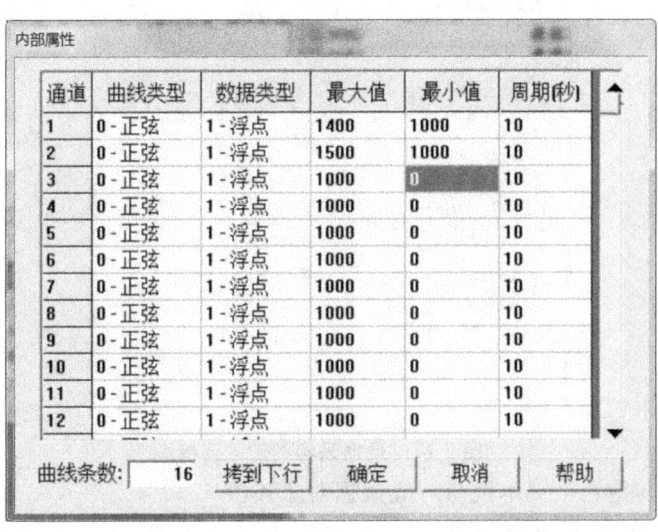

（6）双击"设备 0—[模拟设备]"，进入"设备编辑窗口"，如图 7-14 所示。

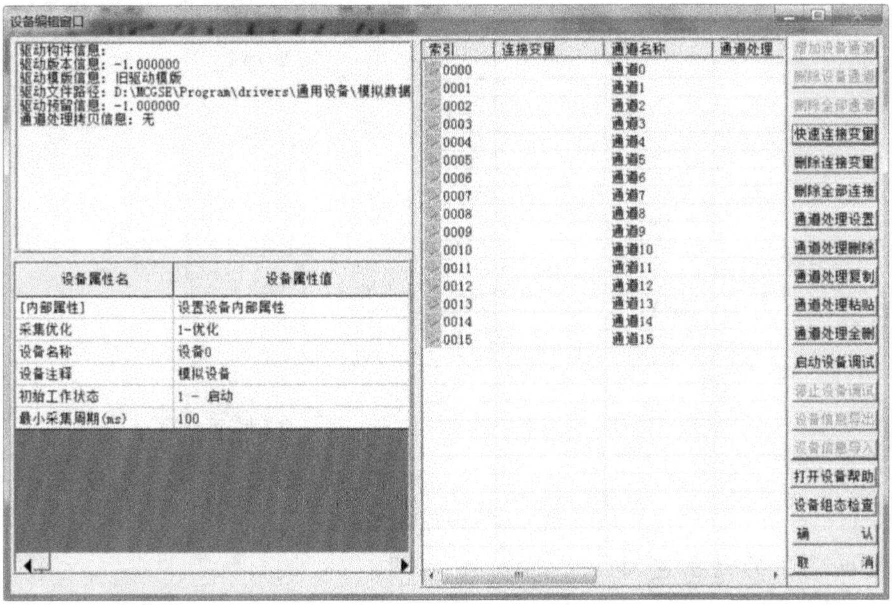

图 7-14　"设备编辑窗口"对话框

（7）单击"设备编辑窗口"中的"[内部属性]"选项，右侧会出现按钮 ... ，单击此按钮进入"内部属性"对话框。将通道 1 的最大值、最小值分别设置为 1400、1000，将通道 2 的最大值、最小值分别设置为 1500、1000，如图 7-15 所示，单击"确定"按钮，完成"内部属性"设置。

图 7-15　"内部属性"对话框

（8）在图 7-14 右边进行通道连接设置。选择通道 0 对应数据对象输入框，双击鼠标左键，弹出数据对象列表后选择"输出转速"；选择通道 1 对应数据对象输入框，输入"输出转矩"。

（9）单击图 7-14 中右侧"启动设备调试"按钮，可看到通道 0、通道 1 对应数据对象的值在变化，如图 7-16 所示。

（10）单击"停止设备调试"按钮，保存，退出模拟设备属性的设置。

索引	连接变量	通...	通..	调试数据	
0000	输出转速	通道0		1245.3	增加设备通道
0001	输出转矩	通道1		1454.2	删除设备通道
0002		通道2		363.2	删除全部通道
0003		通道3		363.2	快速连接变量
0004		通道4		363.2	
0005		通道5		363.2	删除连接变量
0006		通道6		363.2	删除全部连接
0007		通道7		363.2	通道处理设置
0008		通道8		363.2	
0009		通道9		363.2	通道处理删除
0010		通道10		363.2	通道处理复制
0011		通道11		363.2	通道处理粘贴
0012		通道12		363.2	
0013		通道13		363.2	通道处理全删
0014		通道14		363.2	启动设备调试
0015		通道15		363.2	停止设备调试
					设备信息导出

图 7-16　设备调试窗口

2.数据采集的动画连接

双击"数据采集",打开画面,双击变扭箱输入转速文本框,打开"标签动画组态属性设置"对话框,勾选"显示输出"。在"显示输出"选项卡中,表达式连接数据对象"输入转速",输出类型选"数值量输出",如图 7-17 所示。

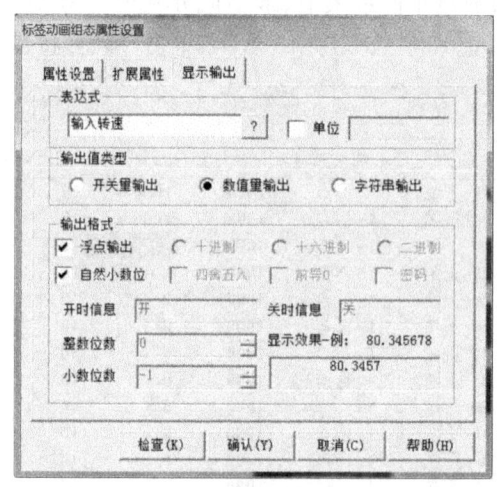

图 7-17　数据采集的动画连接

同样方法,将其他六个文本框与对应数据对象连接。

3.数据报表的动画连接

双击"数据报表",打开画面。

(1) 建立实时报表的动画连接。双击实时报表,在 B 列中,选择输入转速对应的单元格,单击右键,从弹出的下拉列表中选择"连接"选项,如图 7-18 所示。再次单击右键,弹出数据对象列表,双击数据对象"输入转速",B 列 1 行单元格所显示的数值即"输入转速"的数据。

按照上述操作,将 B 列的 2、3、4、5、6、7 行分别与数据对象"输入转矩""输入功率""输出转速""输出转矩""输出功率""效率"建立连接,如图 7-19 所示。

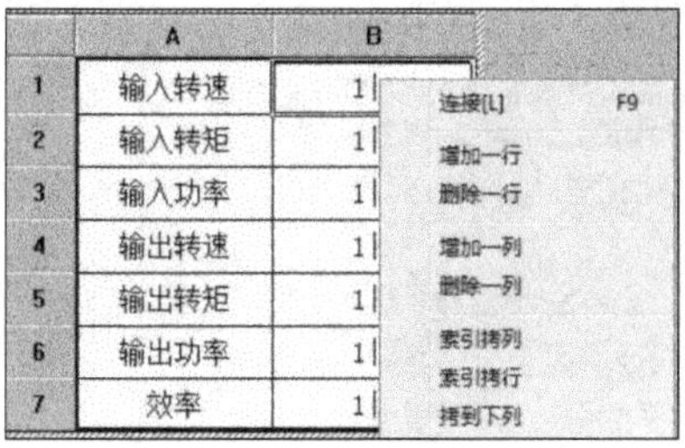

图 7-18　实时报表的动画连接(1) 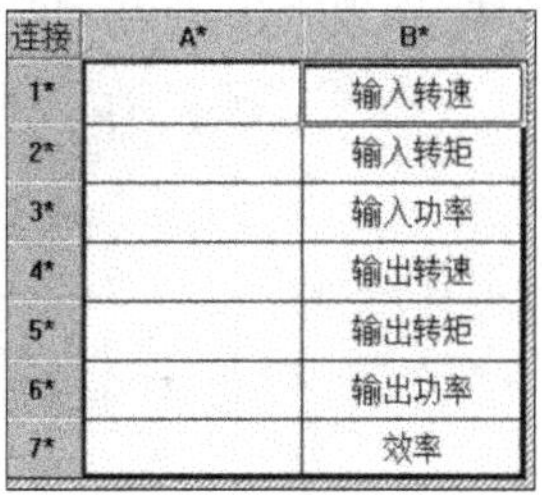　　　**7-19　实时报表的动画连接(2)**

（2）建立历史报表的动画连接。双击历史报表，选择 R2、R3、R4、R5、R6、R7，单击右键，选择"连接"选项。单击菜单栏中的"表格"菜单，选择"合并单元"选项，所选区域会出现反斜杠，如图 7-20 所示。

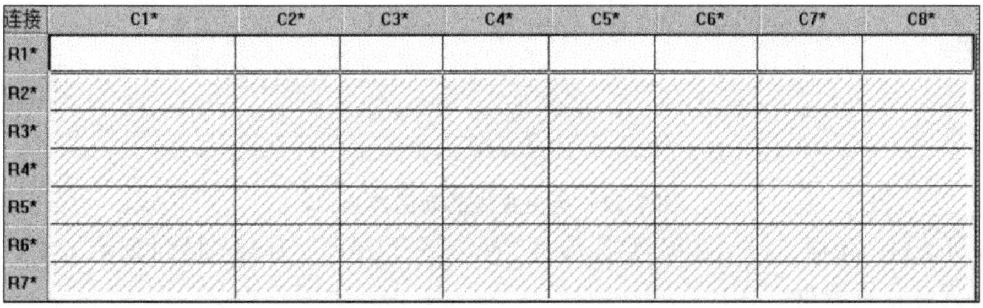

图 7-20　历史报表的动画连接(1)

双击反斜杠区域，弹出"数据库连接设置"对话框，具体设置如下。

"基本属性"选项卡中连接方式选择：在指定的表格单元内，显示满足条件的数据记录；按照从上到下的方式填充数据行；显示多页记录。

"数据来源"选项卡中选择"组对象对应的存盘数据"，"组对象名"选择"Data"（在"Data"数据对象属性设置的存盘属性中，选择"定时存盘"，存盘周期设为 5 s），如图 7-21 所示。

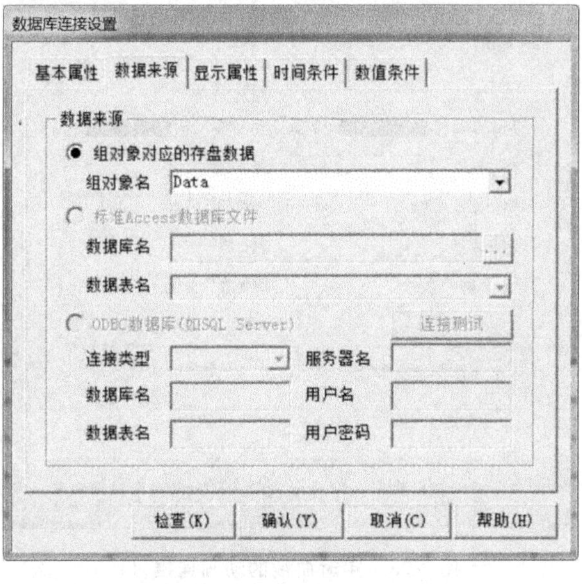

图 7-21　历史报表的动画连接(2)

"显示属性"选项卡中单击"复位"按钮,如图7-22所示。

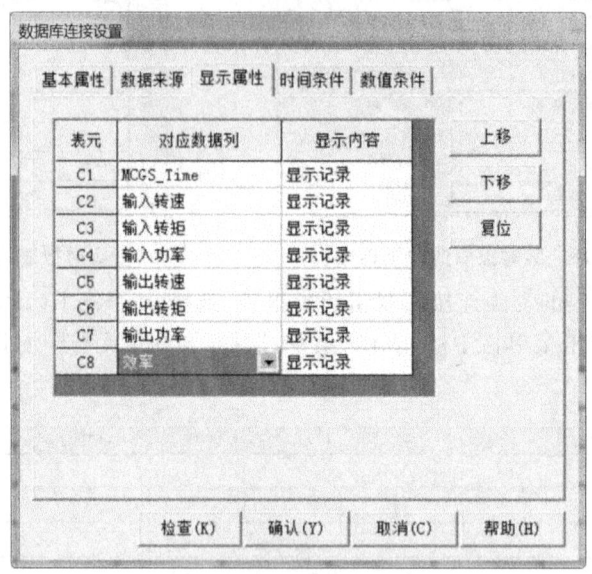

图7-22 历史报表的动画连接(3)

"时间条件"选项卡中:排序列名选择"MCGS-TIME",升序;时间列名选择"MCGS-TIME";所有存盘数据。

4. 数据曲线的动画连接

双击"数据曲线",打开画面。

(1)建立实时曲线的动画连接。双击实时曲线,弹出"实时曲线构件属性设置"对话框。

在"基本属性"选项卡中,Y轴主划线设为"5",其他不变;在"标注属性"选项卡中,时间单位设为"秒钟",小数位数设为"0",最大值设为"2000.0",其他不变,如图7-23所示。

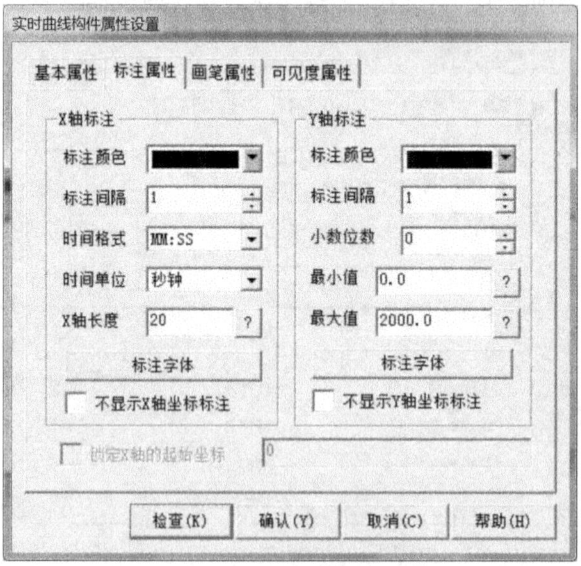

图7-23 实时曲线的动画连接(1)

在"画笔属性"选项卡中,将曲线1对应的表达式设为"输出转速",颜色设为蓝色;曲线2

对应的表达式设为"输出转矩",颜色设为红色;曲线 3 对应的表达式设为"效率",颜色为黑色,如图 7-24 所示。

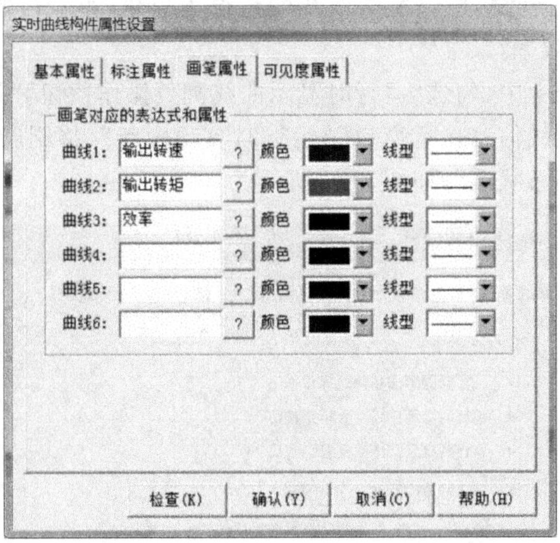

图 7-24　实时曲线的动画连接(2)

(2) 建立历史曲线的动画连接。双击历史曲线,弹出"历史曲线构件属性设置"对话框。

在"基本属性"选项卡中,将曲线名称设为"液力转矩箱输出历史曲线",Y 轴主划线设为"5",背景颜色设为白色。

在"存盘数据"选项卡中,存盘数据来源选择"组对象对应的存盘数据",并在下拉列表中选择"Data"(在"Data"数据对象属性设置的存盘属性中,选择"定时存盘",存盘周期设为 5 s)。

在"标注设置"选项卡中,将 X 轴时间单位设为"分"。

在"曲线标识"选项卡中,选择曲线 1,曲线内容设为"输出转速",曲线颜色设为蓝色,工程单位设为"m",小数位数设为"1",最大坐标设为"2000",实时刷新设为"输出转速",如图 7-25 所示。

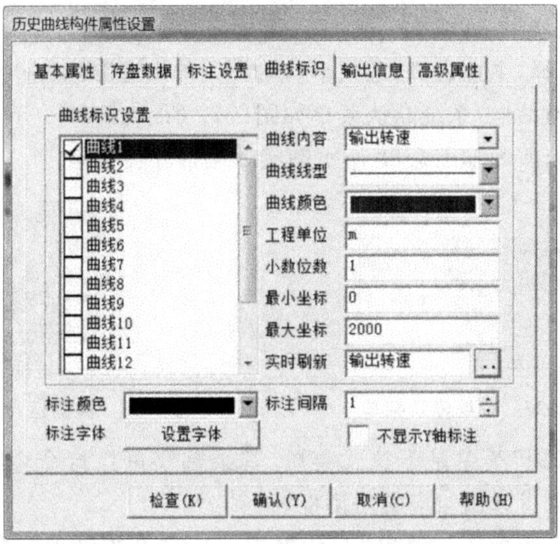

图 7-25　历时曲线的动画连接(1)

选择曲线 2,曲线内容设为"输出转矩",曲线颜色设为红色,小数位数设为"1",最大值设为"2000",实时刷新设为"输出转矩"。

选择曲线 3,曲线内容设为"效率",曲线颜色设为黑色,小数位数设为"1",最大值设为"100",实时刷新设为"效率"。

在"高级属性"选项卡中,勾选"运行时显示曲线翻页操作按钮""运行时显示曲线放大操作按钮""运行时显示曲线信息显示窗口""运行时自动刷新",将刷新周期设为 1 秒,并选择"在 60 秒后自动恢复刷新状态",如图 7-26 所示。

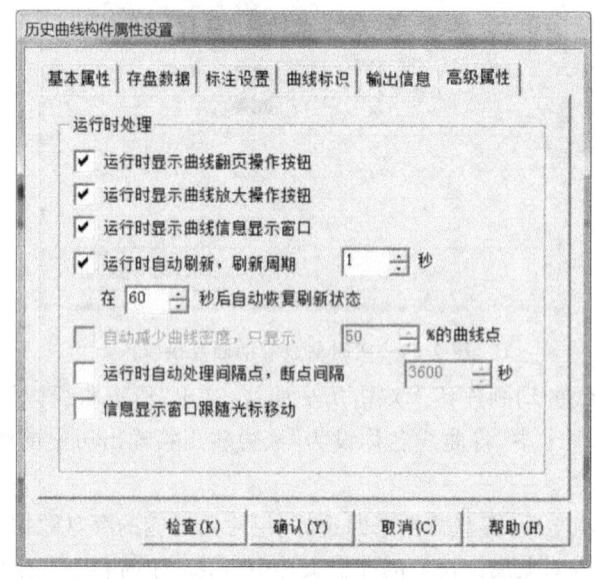

图 7-26　历史曲线的动画连接(2)

5.菜单设计

本系统共设计了 3 幅界面,系统运行时只有一幅界面显示在屏幕的前面,其余界面看不到。那么如何打开想要看到的界面呢？ MCGS 提供了多种方法,可以利用"主控窗口"中"菜单组态"实现这样的功能。

在工作台窗口,选择"主控窗口"选项卡,单击"菜单组态"或双击"主控窗口",进入"菜单组态:运行环境菜单"对话框,系统默认菜单如图 7-27 所示。

将系统默认菜单修改为如图 7-28 所示的实际运行环境菜单。

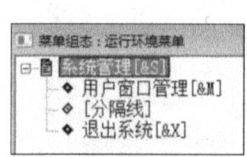

图 7-27　系统默认菜单

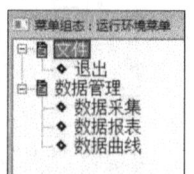

图 7-28　实际运行环境菜单

"文件"和"数据管理"菜单是下拉式菜单,其余都是可执行命令菜单。当 MCGS 运行时,打开相应的菜单,即可弹出相应的对话框。

(1) 在"菜单组态:运行环境菜单"对话框中,单击"系统管理",单击右键选择"删除菜单"项。单击工具条中的"新增菜单项"按钮,产生"操作 0"菜单。

（2）双击"操作 0"菜单，弹出"菜单属性设置"对话框，在"菜单属性"选项卡中，将菜单名改为"文件"，菜单类型选择"下拉菜单项"，如图 7-29 所示。

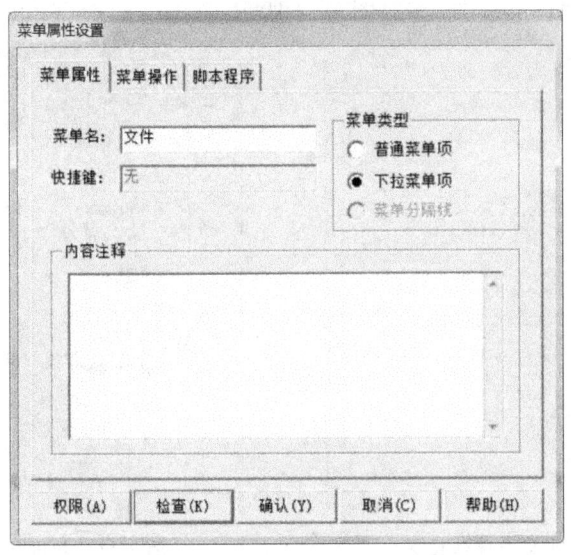

图 7-29　"文件"菜单属性设置

（3）单击"文件"菜单，单击右键选择"新增下拉菜单"项，新增 1 个下拉菜单项"操作集0"。双击"操作集 0"菜单项，弹出"菜单属性设置"对话框，在"菜单属性"选项卡中，将菜单名改为"退出"，菜单类型选择"普通菜单项"，在"快捷键"后的输入框中按键盘上的 Ctrl＋X键，则输入框中出现"Ctrl＋X"，如图 7-30 所示。在"菜单操作"选项卡中，菜单对应功能勾选"退出运行系统"，下拉菜单中选择"退出运行程序"，如图 7-31 所示。单击"确认"按钮，设置完毕。

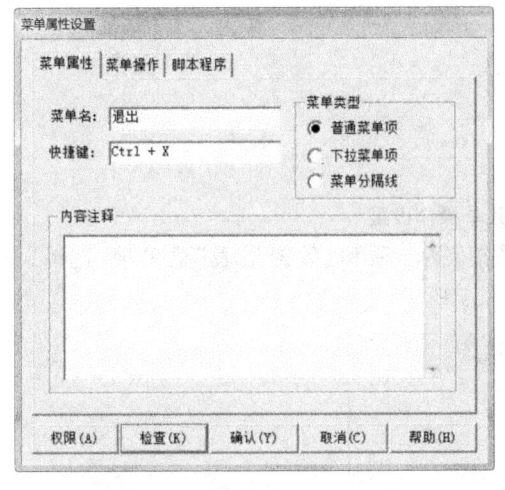

图 7-30　"退出"菜单项属性设置

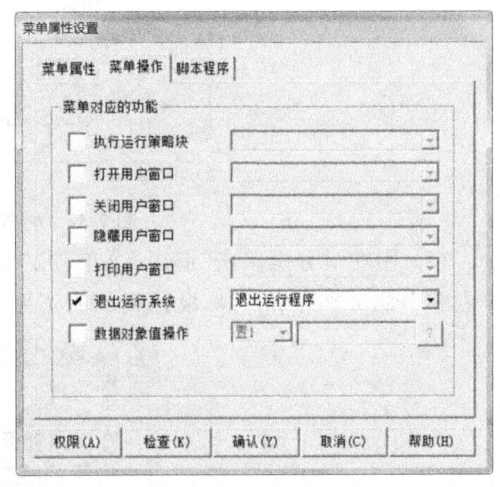

图 7-31　"退出"菜单项操作设置

（4）单击工具条中的"新增菜单项"按钮，产生"操作 0"菜单，双击"操作 0"菜单，弹出"菜单属性设置"对话框，在"菜单属性"选项卡中，将菜单名改为"数据管理"，菜单类型选择"下拉菜单项"，单击"确认"按钮，设置完毕。

（5）单击"数据管理"，右键选择"新增下拉菜单"，新增 3 个下拉菜单项，分别双击新建菜单项,弹出"菜单属性设置"对话框,在"菜单属性"选项卡中,将菜单名分别改为"数据采集""数据报表""数据曲线",菜单类型均选择"普通菜单项"。数据采集、数据报表、数据曲线菜单操作设置分别如图 7-32、图 7-33、图 7-34 所示。

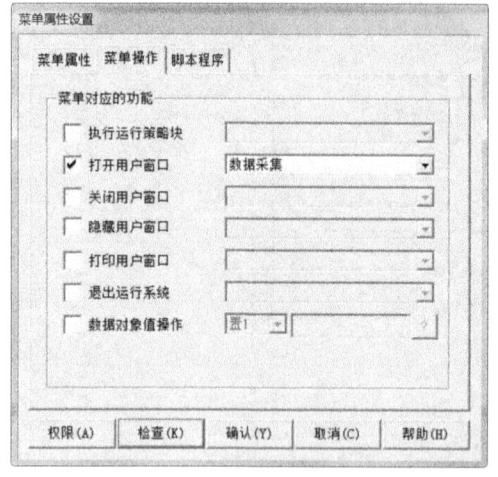

图 7-32　数据采集菜单操作设置

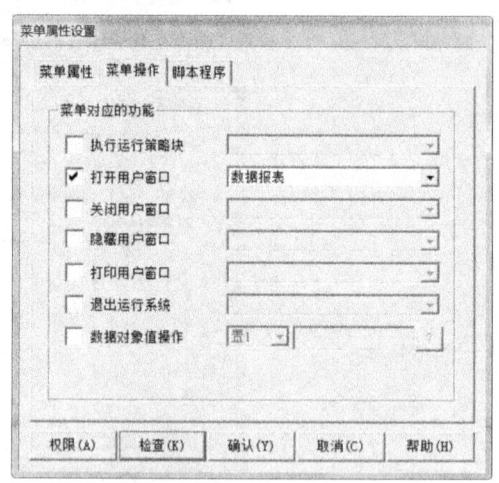

图 7-33　数据报表菜单操作设置

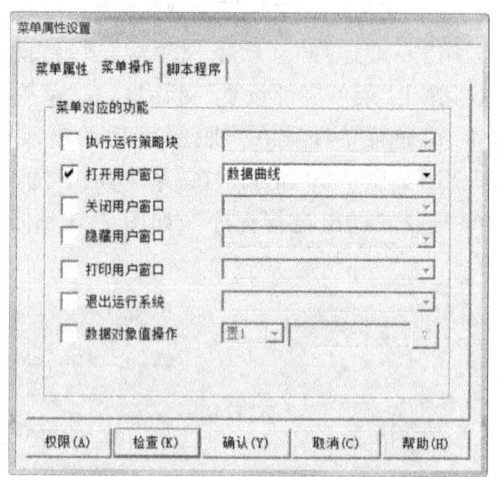

图 7-34　数据曲线菜单操作设置

（6）用右键分别单击"退出"菜单项、"数据采集"菜单项和"数据报表"菜单项,选择"菜单右移"项,3 个菜单右移,设计完成的菜单如图 7-35 所示。

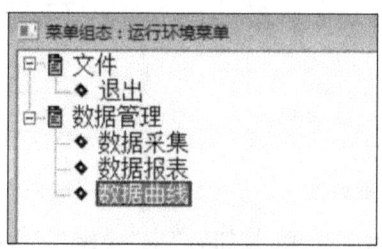

图 7-35　设计完成的菜单

（7）回到工作台的"主控窗口"窗口,然后单击"系统属性"按钮,在"主控窗口属性设置"对话框中,菜单设置选择"有菜单",如图 7-36 所示,单击"确认"按钮。

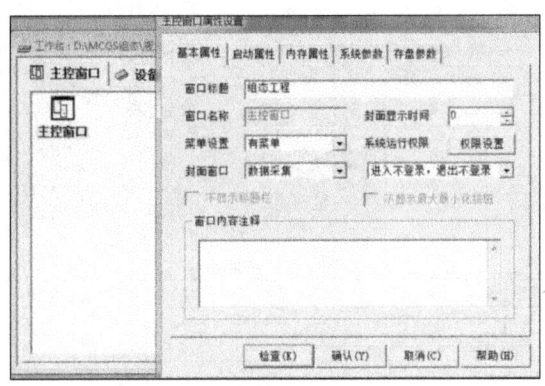

图 7-36　主控窗口属性设置

7.5　编写脚本程序

在工作台窗口中选择"运行策略"选项卡,双击"循环策略",弹出"策略组态:循环策略"对话框。

新增策略行,添加"脚本程序",双击策略行进入脚本程序编辑窗口,在编辑区输入如下程序:

```
输入转速 = 1500
输入转矩 = 1600
输入功率 = 输入转速 * 输入转矩/9550
输出功率 = 输出转速 * 输出转矩/9550
效率 = 100 * 输出功率/输入功率
```

返回到工作台运行策略窗口,选择循环策略,单击"策略属性"按钮,弹出"策略属性设置"对话框,将策略执行方式定时循环时间设置为 200 ms,然后单击"确认"按钮。

7.6　模拟仿真运行与调试

下载工程并进入运行环节,单击启动按钮运行,如图 7-37、图 7-38、图 7-39 所示。可以通过菜单进行画面的切换,观察系统是否按设计要求工作,如有异常应进行调试,直到其正常工作。

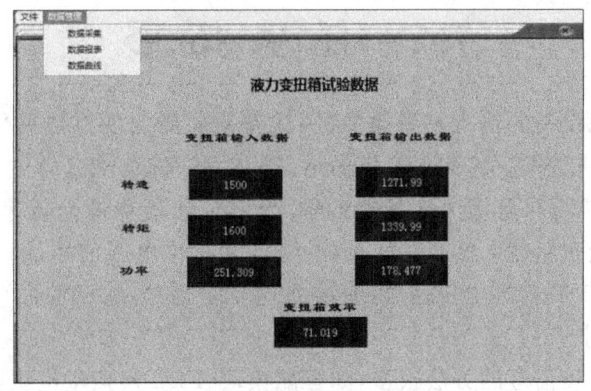

图 7-37　液力变扭箱监控数据采集画面

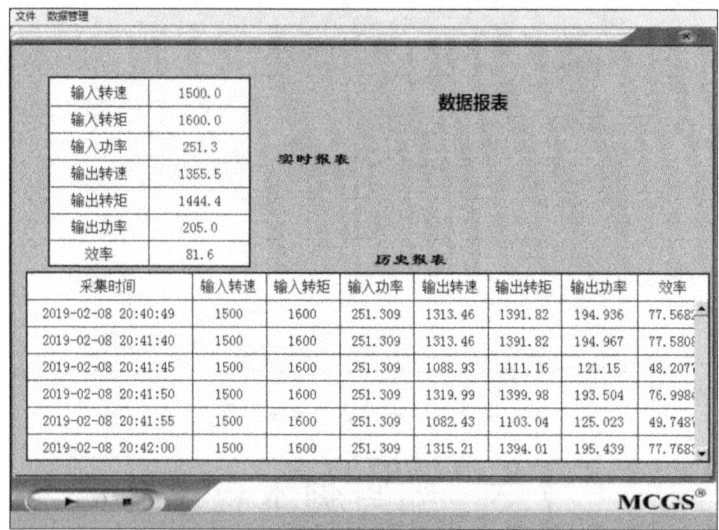

图 7-38　液力变扭箱监控数据报表画面

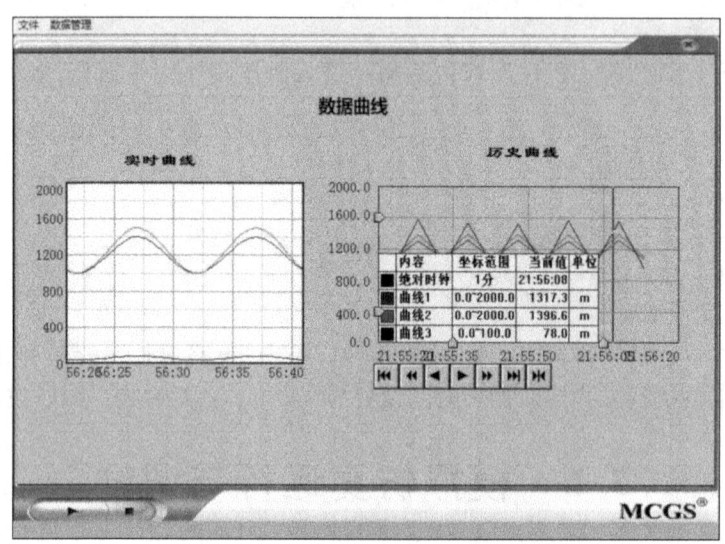

图 7-39　液力变扭箱监控数据曲线画面

7.7　任务拓展

前述是通过模拟设备的输入来采集数据,任务拓展要实现将数据采集卡作为下位机采集液力变扭箱数据,将数据上传到上位机的组态软件里进行监控。

根据系统要求,需要采集液力变扭箱的输入转速、转矩和输出转速、转矩。试验台上扭矩仪向外提供液力变扭箱输入转矩和转速的 0～5 V 标准电压信号,水力测功仪向外提供输出转矩和转速的 0～5 V 标准电压信号,只要将这 4 个信号输入到计算机,由计算机进行处理,即可达到设计要求。

计算机采集模拟量信号的方法很多,如智能模块、PLC 模拟量模块等。本系统共有 4 路模拟量输入信号(外部设备信号),从性价比的角度出发,可以选用研华 PCL_818L 数据采集卡作为输入设备来采集信号。

　　研华 PCL_818L 板卡是 16 路单端或 8 路双端模/数转换接口卡,并具有 16 路数字量输入和 16 路数字量输出、1 路模拟量输出,同时具有 1 个 Intel 8254 可编程计数器的计算机接口卡。

　　计算机选用研华 IPC-610 工控机,P4 2.8G/512M/80G。工控机是为适应工业现场环境和实现工业测控目的生产的计算机。它与一般商用计算机或个人计算机相比,在硬件和软件资源上是兼容的,但采用了更利于工控的结构,如工业标准机箱、工业级元件、总线结构,以及丰富的过程通道板卡和通信口等,因而比普通计算机具有更高的可靠性和抗干扰性能,更适合工业控制。其价格一般高于同等配置的普通计算机。

　　由于 PCL_818L 板卡安装在计算机内的扩展槽上,为了便于外部设备信号与 PCL_818L 板卡之间接线,在外部设备信号与 PCL_818L 板卡之间需要一个接线端子板,可选用研华 PLC8115 接线端子板,也可自制。端子板安装在机箱外适当处,端子板与板卡之间通过 37 芯 D 形插头连接,模拟量输入信号与端子板之间用屏蔽导线连接。计算机测试硬件结构图如图 7-40 所示。

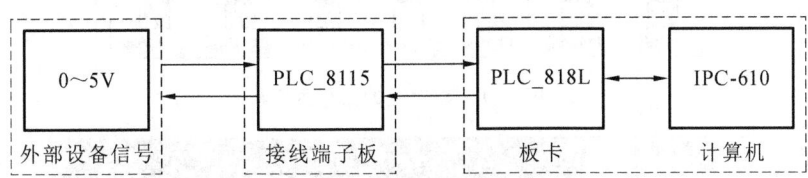

图 7-40　计算机测试硬件结构图

习　　题

参考图 5-26 所示的水塔水位控制示意图,完成组态监控系统的设计,以实现如下要求:
(1) 建立实时报表,显示水塔水位和水池水位的实时数据;
(2) 建立历史报表,显示水塔水位和水池水位的历史数据;
(3) 绘制实时曲线,显示水塔水位和水池水位的实时数据变化情况;
(4) 绘制历史曲线,显示水塔水位和水池水位的历史数据变化情况。
注:本题是在第 5 章习题的基础上设计的。

附　录　A

自动化生产线实训考核装备的组态控制画面制作

1. 画面

建立图 A-1 所示的七个画面。七个画面分别如图 A-2 至图 A-8 所示。

图 A-1　需建立的七个画面

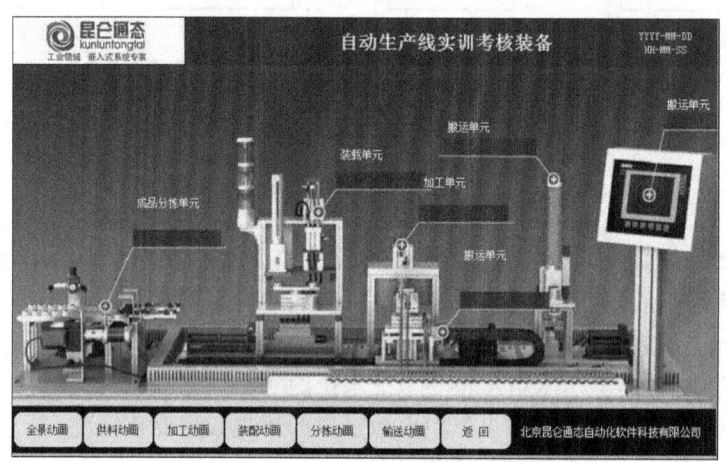

图 A-2　主界面

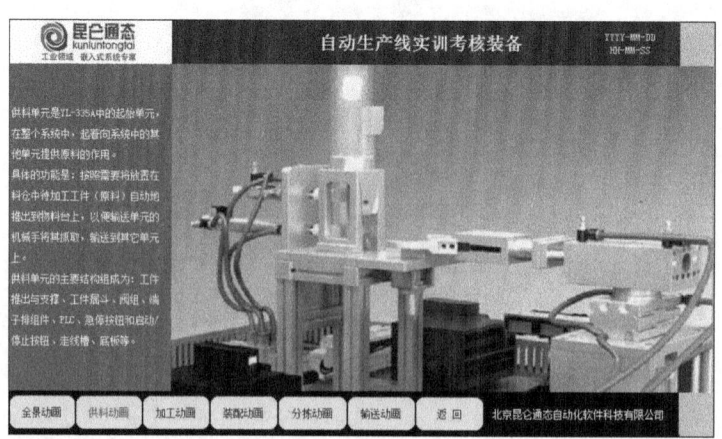

图 A-3　供料动画

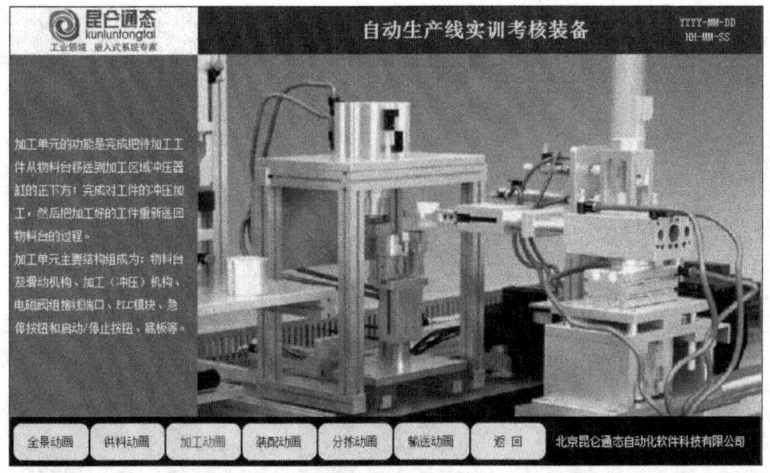

图 A-4　加工动画

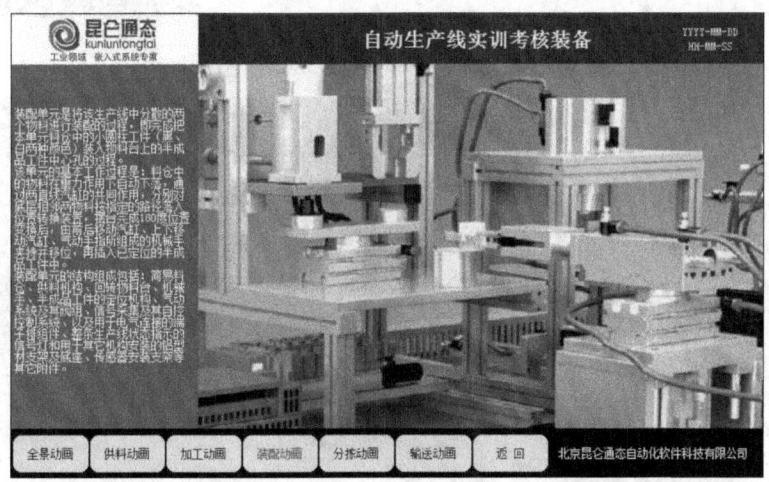

图 A-5　装配动画

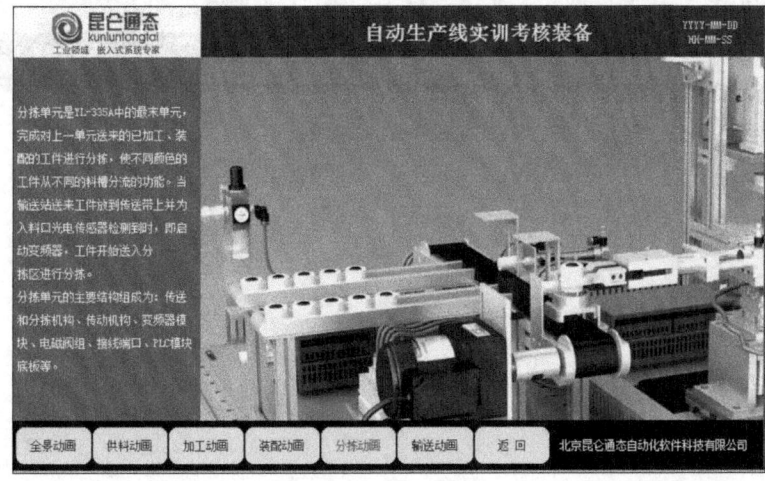

图 A-6　分拣动画

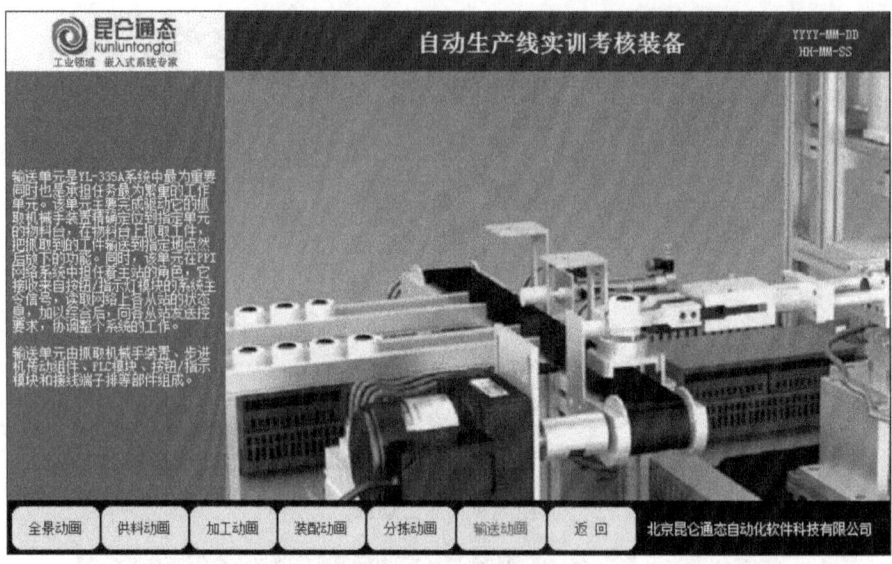

图 A-7　输送动画

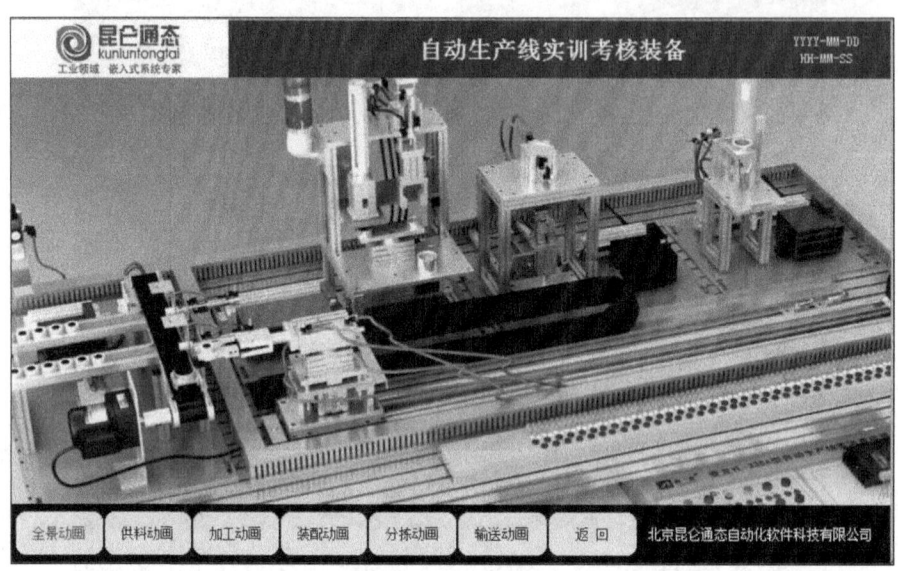

图 A-8　全景动画

2.建立数据对象

本组态控制的数据对象如图 A-9 所示。

名字	类型
纵座隐藏	开关型
纵座水平移动	数值型
纵转盘隐藏	开关型
纵开夹隐藏	开关型
纵开夹垂直移动	数值型
纵夹水平移动	数值型
纵夹垂直移动	数值型
纵合夹隐藏	开关型
纵合夹垂直移动	数值型
填充	开关型
说明	数值型
球4隐藏	开关型
球4水平移动	数值型
球4垂直移动	数值型
球41隐藏	开关型
球41垂直移动	数值型
球3隐藏	开关型
球3水平移动	数值型
球3垂直移动	数值型
球2隐藏	开关型
球2水平移动	数值型
球1隐藏	开关型
球1垂直移动	数值型
球0隐藏	开关型
球0垂直移动	数值型
横座隐藏	开关型
横座水平移动	数值型
横转盘隐藏	开关型
横开夹隐藏	开关型
横开夹水平移动	数值型
横夹水平移动	数值型
横合夹隐藏	开关型
黑杆动作	数值型
黑	开关型
电机	开关型
传送带	开关型
白杆动作	数值型
白1垂直移动	数值型
白0隐藏	开关型
白0垂直移动	数值型
白	开关型
step2	数值型
step1	数值型
step	开关型
n2	开关型
n1	开关型
n	开关型

图 A-9　数据对象

附　录　B

《组态控制技术》考试试卷

总　分		题号	一	二	三	
核分人		题分	15	30	55	
复查人		得分				

考试要求：

1.自带计算机，安装好 MCGS 组态软件。（或者使用实验室提供的计算机。）

2.不允许带 U 盘，关闭移动网络。

3.可以带书。考试完成后立刻离开教室。

4.考试地点：

5.考试时间：

一、名词解释(每个解释 5 分,共 15 分)

1.菜单

2.构件

3.策略

二、填空题(每空 2 分,共 30 分)

1.MCGS 主体程序是(　　　　　　　　)和(　　　　　　　　),MCGS 可执行文件是(　　　　　　　　)和(　　　　　　　　)。

2.创建工程时,文件名中(　　　　　　　　)。

3.在 MCGS 组态环境中生成的工程文件,后缀为(　　　　　　),存放在(　　　　　　)。

4. MCGS 定义的变量的五种类型是数值型、（　　　　　　　　）、（　　　　　　　　）、（　　　　　　　　）、（　　　　　　　　）。

5. 将（　　　　　　　　）、（　　　　　　　　）、（　　　　　　　　）封装在一起的数据,称为（　　　　　　　　）。

三、上机操作题(55 分)

利用 MCGS 绘制供电系统的计算机监控系统,实现以下功能。

初始状态：

(1) 2 套电源均正常运行,状态检测信号 G1、G2 都为"1"；

(2) 供电控制开关 QF1、QF2、QF4、QF5、QF7 都为"1",处于合闸状态,QF3、QF6 都为"0",处于断开状态；

(3) 变压器故障信号 T1、T2 和供电线路短路信号 K1、K2 都为"0"。

控制要求：

(1) 正常情况下,系统保持初始状态,2 套电源分别运行；

(2) 若电源 G1、G2 有 1 个掉电(=0),则对应的 QF1 或 QF2 跳闸,QF3 闭合；

(3) 若变压器 T1、T2 有 1 个故障(=1),则对应的 QF1 和 QF4(或 QF5)跳闸,QF6 闭合；

(4) 若 K1 短路(=1),QF7 立即跳闸(速断保护)；若 K2 短路(=1),QF7 经 2 s 延时跳闸(过流保护)；

(5) 若 G1、G2 同时掉电或 T1、T2 同时故障,QF1~QF7 全部跳闸。

在计算机中显示供电系统工作状态；能够应用 MCGS 组态软件进行监控画面的制作和程序编写、调试。

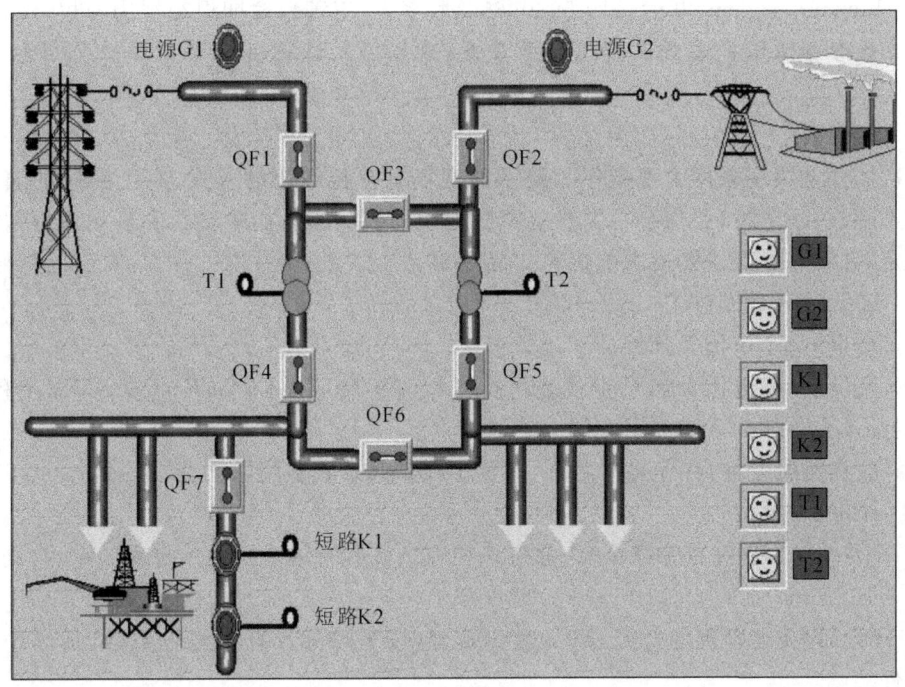

附　录　C

第七届全国信息技术水平应用大赛决赛说明
（组态软件应用设计团体赛）

一、决赛时间

2012 年 12 月 16 日。

抽签时间：8:00—8:30（比赛前，现场抽签决定决赛顺序）。

决赛时间：上午 8:30—12:00，下午 13:00—20:00。

二、队伍数量

29 个队伍。

三、工程要求

（1）每个参赛团队（指导教师不超过 2 名，参赛学生不超过 3 名）将原初赛工程进行完善优化，作为决赛工程；

（2）12 月 10 日之前，将完善优化后的决赛工程发电子邮件提交至大赛评审组（邮箱：wellintech@iaat.org.cn，电话：010-59309656，联系人：王菁），逾期提交视为弃权；

（3）各参赛队伍提前调试好工程分辨率，现场展示计算机为 4:3 屏，分辨率为 1024×768。

四、比赛方式

本次团体赛决赛采用由现场作品演示与现场答辩相结合的方式，每个团队的演示和答辩时间不超过 18 分钟，评委会根据参赛团队提供的现场作品功能演示和现场答辩情况综合讨论评定，并结合大赛总体要求依次为作品评奖。

（1）展示时间：每个队伍 15 分钟。

答辩时间：每个队伍 3 分钟。

（2）人员要求：选派 1 名学生代表进行工程讲解展示，用实际 KingSCADA 工程展示。（指导老师不允许作为工程展示介绍人。）

（3）决赛奖项设置：特等奖 2 名，一等奖 10 名，其余参赛团队均获二等奖。

（4）评审方式：

① 评委共 10 名（高校专家 2 名、北京亚控科技发展有限公司技术专家 4 名、自动化领域专家 4 名）。

② 评分，评委老师现场打分，满分为 100 分，按平均分计算最终分数。（具体评审标准参见附件。）

③ 决赛结果于 12 月 18 日颁奖典礼上颁布。

备注：决赛团队可以自备笔记本计算机，要求为 4:3 屏，1024×768 分辨率。

<h2 style="text-align:center">"亚控杯"组态软件应用设计大赛决赛评审表</h2>

编号	
学校	
作品名称	
参赛队	

项目		细则	分值	项目得分	总得分
决赛评审 （100）	作品设计 （25分）	创意	5分		
		作品规范性	10分		
		实际应用价值	10分		
	软件 （60分）	画面美观	10分		
		工艺流程	10分		
		软件功能	20分		
		功能亮点（具备高级应用特性，如模型、 行业专用报表等）	10分		
		行业特色	10分		
	决赛综 合表现 （15分）	功能展示	5分		
		功能陈述	5分		
		答辩	5分		
	演示时 间控制 （－5分）	作品展示环节对时间控制得不好的将减分	－5分		

参 考 文 献

[1]　朱益江.MCGS 工控组态技术及应用[M].武汉:华中科技大学出版社,2017.

[2]　刘长国,黄俊强.MCGS 嵌入版组态应用技术[M].北京:机械工业出版社,2017.

[3]　肖威,李庆海.PLC 及触摸屏组态控制技术[M].北京:电子工业出版社,2010.

[4]　张文明,华祖银.嵌入式组态控制技术[M].北京:中国铁道出版社,2011.

[5]　陈志文.组态控制实用技术[M].2 版.北京:机械工业出版社,2016.

[6]　李江全.组态软件 MCGS 从入门到监控应用 35 例[M].北京:电子工业出版社,2015.

[7]　袁秀英,石梅香.计算机监控系统的设计与调试[M].北京:电子工业出版社,2010.

[8]　张文明,刘志军.组态软件控制技术[M].北京:清华大学出版社,2006.

[9]　唐亮,胡继明,夏路生,等.自动化控制技术在锅炉机组中的应用研究[J].科技广场,2017(01):76-79.

[10]　张瑞显,诸笃运.秸秆制取乙醇的监控界面组态的设计[J].电子技术与软件工程,2019(14):56-57.

[11]　杨丽,郝杰伟,胡文博.PLC 控制的水塔水位监控系统设计[J].数字技术与应用,2019,37(05):3-4.

[12]　刘建军.基于 PLC 和工控机的监控系统设计[J].中国新技术新产品,2017,No.349(15):4-5.

[13]　林力鑫.智能化控制在温室大棚中的应用[J].自动化技术与应用,2017,36(05):116-118+129.

[14]　孙松丽,王荣林,张桂新.基于 MCGS 的 PLC 仿真实训系统设计[J].实验室研究与探索,2015,34(01):87-91.

[15]　刘俊,柳春图,李颖红,等.新一代工控组态软件 MCGS 及应用[J].新技术新工艺,2000(06):10-11.